원리로 쉽게 이해하는

Tiki Taka

티키 타카 구구단

다락원 어린이 출판부 지음·조보영 감수

다락원

원리로 쉽게 이해하는

Tiki Taka
티키 타카
구구단

지은이 다락원 어린이 출판부
감수 조보영
펴낸이 정규도
펴낸곳 (주)다락원

초판 1쇄 발행 2019년 4월 1일
5쇄 발행 2024년 7월 17일

편집 김유진, 서정은, 임유리
디자인 윤미주
일러스트 윤미주

다락원 경기도 파주시 문발로 211
내용문의 (02) 736-2031 내선 273
구입문의 (02) 736-2031 내선 250~252
Fax (02) 732-2037
출판등록 1977년 9월 16일 제406-2008-000007호

Copyright © 2019, 다락원

ISBN 978-89-277-4738-3 63410

http://www.darakwon.co.kr
다락원 홈페이지를 통해 인터넷 주문을 하시면 자세한 정보와
함께 다양한 혜택을 받으실 수 있습니다.

구구단, 원리를 찾아라!

초등학교에 입학해서 1학년에 겨우 적응하고 나면 2학년 2학기에 '곱셈구구' 단원이 툭 튀어 나옵니다. 그런데 짧은 수업 시간 동안 아이들이 구구단을 완벽히 암기할 수 있을까요? 이때 급하다고 무리하게 단순 암기만 시키면 아이들이 수학 자체에 흥미를 잃을 수 있습니다.

그래서 구구단은 원리를 찾아 빠르게 이해시키고, 쉽고 흥미진진한 놀이로 암기까지 완성할 수 있도록 도와줘야 합니다. 덧셈을 이해한 아이라면 '같은 수를 여러 번 더하는 원리'로 만들어진 구구단을 이해할 수 있습니다. 그 기초 원리를 강조하여 아이가 눈으로 입으로 구구단을 기억하게 하는 방법, 〈티키타카 구구단〉에 담겨 있습니다.

Tiki Taka 티키 타카 구구단 의 3가지 원칙

 ### 그림으로 곱셈구구의 원리를 한눈에 이해시켜라!

각 단의 도입부에 곱셈구구의 원리를 시각화하여 제시하였습니다.
한 페이지 안에서 아이들이 각 단의 원리를 한눈에 익힐 수 있습니다.

 ### 초등 선생님의 노하우를 모두 이용하라!

실제 학교 현장에서 오랜 기간 구구단을 학습시킨 초등 선생님의 노하우를 담아, 현실적으로 필요한 학습법을 적용하였습니다.
입으로 내뱉는 활동을 중심으로 아이들이 구구단을 효과적으로 외울 수 있습니다.

 ### 툭 치면 구구단이 튀어나오게 훈련하라!

〈티키타카 구구단〉만의 특급 암기법!
'구구단 영상 게임'을 활용하여 구구단에 순발력 있게 답하는 훈련을 할 수 있습니다.
각 단의 '티키타카 순발력 기르기' 코너에서 QR코드를 스마트폰으로 찍으면,
우리 책의 캐릭터 '티키'가 구구단 문제를 냅니다.
아이가 그 답을 빠르게 말하는 방식으로 구구단을 훈련할 수 있습니다.

이 책의 구성과 특징

〈티키타카 구구단〉은 하루에 두 장씩 30일간 훈련하면 구구단을 익힐 수 있도록 구성하였습니다. 구구단 한 단을 3일 만에 익힐 수 있습니다.
먼저 해당 단의 원리를 눈으로 이해하고, 규칙을 확인하여 입으로 연습한 뒤, 마지막으로 영상 게임을 통해 구구단을 확실히 기억합니다.

1일째

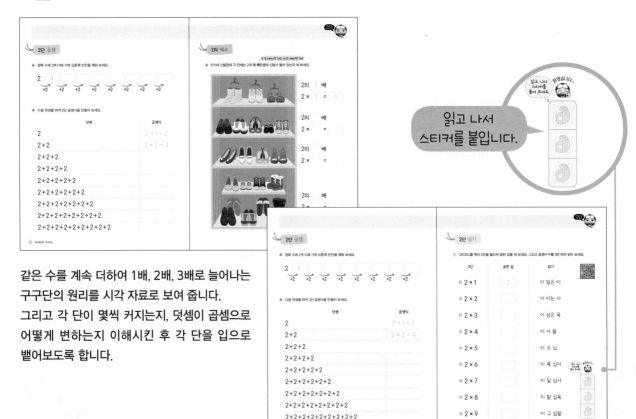

같은 수를 계속 더하여 1배, 2배, 3배로 늘어나는 구구단의 원리를 시각 자료로 보여 줍니다.
그리고 각 단이 몇씩 커지는지, 덧셈이 곱셈으로 어떻게 변하는지 이해시킨 후 각 단을 입으로 뱉어보도록 합니다.

2일째

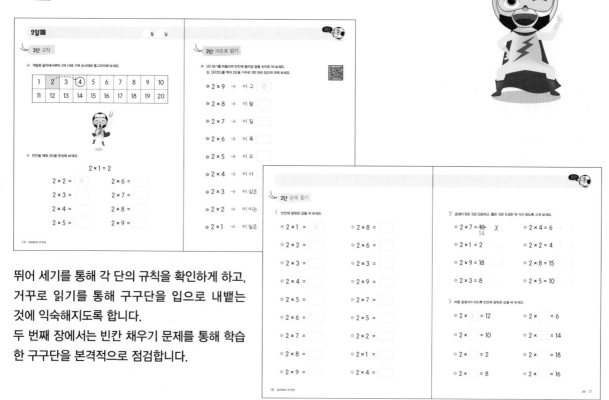

뛰어 세기를 통해 각 단의 규칙을 확인하게 하고,
거꾸로 읽기를 통해 구구단을 입으로 내뱉는
것에 익숙해지도록 합니다.
두 번째 장에서는 빈칸 채우기 문제를 통해 학습
한 구구단을 본격적으로 점검합니다.

3일째

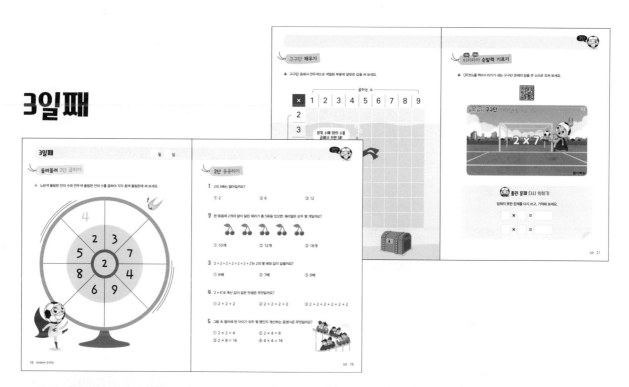

다양한 형태로 구구단을 복습하고, 구구단을 응용할 수 있도록 합니다. '구구단 채우기'와 '티키타카 순발력 기르기'는
학습한 구구단을 잊지 않도록 돕고, 언제 어디서든 툭 치면 구구단의 답이 튀어나오도록 훈련시킵니다.
마지막 페이지에는 아이가 답하지 못한 문제를 적어 두고 나중에 확인할 수 있는 코너도 마련되어 있습니다.
나중에 이 부분만 살펴보며 효과적으로 복습할 수 있습니다.

한 걸음 앞서기

랜덤(무작위)으로 풀어 보는 구구단, 교과서 속 구구단 활용 문제 등 구구단을 응용한 곱셈 문제를 훈련하여
더욱 똑똑해질 수 있습니다.

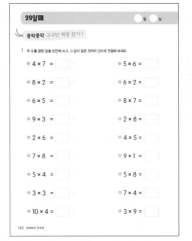

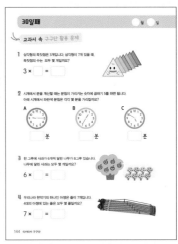

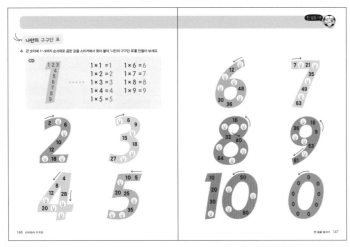

티키와 함께라면
곱셈구구가
어렵지 않아요~

차례

티키와 2단 원리를
알아볼까요?

2

단

2단이란?
2씩 계속 더하여 2의 1배, 2배, 3배…의
수를 계산하는 것!

2단 원리

♣ 2개짜리 구슬 묶음이 하나씩 늘어날 때마다 구슬은 모두 몇 개가 되는지 세어 보세요.

  2개 묶음이 하나 2 × [1] = [2]

  2개 묶음이 둘 2 × [2] = [ ]

2 × [ ] = [ ]

2 × [ ] = [ ]

2 × [ ] = [ ]

2 × [ ] = [ ]

2 × [ ] = [ ]

2 × [ ] = [ ]

2 × [ ] = [ ]

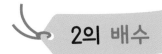

두 번 더해지면 '2배', 세 번 더해지면 '3배'

♣ 티키네 신발장의 각 칸에는 2의 몇 **배**만큼의 신발이 들어 있는지 써 보세요.

2   2   2

2의 3 배

2 × 3 = 6

2의 ☐ 배

2 × ☐ = ☐

2의 ☐ 배

2 × ☐ = ☐

2의 ☐ 배

2 × ☐ = ☐

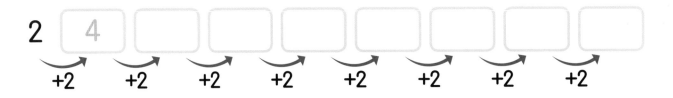

2단 곱셈

♣ 왼쪽 수에 2씩 더해 가며 오른쪽 빈칸을 채워 보세요.

2 [4] [ ] [ ] [ ] [ ] [ ] [ ] [ ]

+2 +2 +2 +2 +2 +2 +2 +2

♣ 다음 덧셈을 하여 2단 곱셈식을 만들어 보세요.

덧셈	곱셈식
2	2 × 1 = 2
2+2	2 × 2 = 4
2+2+2	
2+2+2+2	
2+2+2+2+2	
2+2+2+2+2+2	
2+2+2+2+2+2+2	
2+2+2+2+2+2+2+2	
2+2+2+2+2+2+2+2+2	

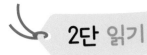
2단 읽기

♣ QR코드를 찍어 2단을 들으며 곱한 값을 써 보세요. 그리고 곱셈구구를 3번 따라 읽어 보세요.

2단	곱한 값	읽기
❶ 2 × 1	2	이 일은 이
❷ 2 × 2		이 이는 사
❸ 2 × 3		이 삼은 육
❹ 2 × 4		이 사 팔
❺ 2 × 5		이 오 십
❻ 2 × 6		이 육 십이
❼ 2 × 7		이 칠 십사
❽ 2 × 8		이 팔 십육
❾ 2 × 9		이 구 십팔

읽고 나서 스티커를 붙여 보세요. 읽었습니다~

2단 규칙

♣ 색칠된 글자에서부터 2씩 더해 가며 순서대로 동그라미해 보세요.

1	2	3	④	5	6	7	8	9	10
11	12	13	14	15	16	17	18	19	20

♣ 빈칸을 채워 2단을 완성해 보세요.

$$2 \times 1 = 2$$

$2 \times 2 = \boxed{4}$ $2 \times 6 = \boxed{}$

$2 \times 3 = \boxed{}$ $2 \times 7 = \boxed{}$

$2 \times 4 = \boxed{}$ $2 \times 8 = \boxed{}$

$2 \times 5 = \boxed{}$ $2 \times 9 = \boxed{}$

 2단 거꾸로 읽기

♣ 2단 읽기를 떠올리며 빈칸에 들어갈 말을 숫자로 써 보세요.
또, QR코드를 찍어 2단을 거꾸로 3번 따라 읽으며 외워 보세요.

❶ **2 × 9** → 이 구 [18]

❷ **2 × 8** → 이 팔 [ ]

❸ **2 × 7** → 이 칠 [ ]

❹ **2 × 6** → 이 륙 [ ]

❺ **2 × 5** → 이 오 [ ]

❻ **2 × 4** → 이 사 [ ]

❼ **2 × 3** → 이 삼은 [ ]

❽ **2 × 2** → 이 이는 [ ]

❾ **2 × 1** → 이 일은 [ ]

2단 문제 풀기

1 빈칸에 알맞은 값을 써 보세요.

❶ 2 × 1 = [2]

❷ 2 × 2 = [ ]

❸ 2 × 3 = [ ]

❹ 2 × 4 = [ ]

❺ 2 × 5 = [ ]

❻ 2 × 6 = [ ]

❼ 2 × 7 = [ ]

❽ 2 × 8 = [ ]

❾ 2 × 9 = [ ]

❿ 2 × 8 = [ ]

⑪ 2 × 6 = [ ]

⑫ 2 × 3 = [ ]

⑬ 2 × 9 = [ ]

⑭ 2 × 7 = [ ]

⑮ 2 × 5 = [ ]

⑯ 2 × 2 = [ ]

⑰ 2 × 1 = [ ]

⑱ 2 × 4 = [ ]

2 곱셈이 맞은 것은 O표하고, 틀린 것은 X표한 뒤 식이 맞도록 고쳐 보세요.

① 2 × 7 = ~~10~~ (X)
      14

② 2 × 1 = 2 (   )

③ 2 × 9 = 18 (   )

④ 2 × 3 = 8 (   )

⑤ 2 × 4 = 6 (   )

⑥ 2 × 2 = 4 (   )

⑦ 2 × 8 = 15 (   )

⑧ 2 × 5 = 10 (   )

3 바른 곱셈식이 되도록 빈칸에 알맞은 값을 써 보세요.

① 2 × [6] = 12

② 2 × [ ] = 10

③ 2 × [ ] = 2

④ 2 × [ ] = 8

⑤ 2 × [ ] = 6

⑥ 2 × [ ] = 14

⑦ 2 × [ ] = 18

⑧ 2 × [ ] = 16

🖋 **돌려돌려** 2단 곱하기

♣ 노란색 돌림판 안의 수와 연두색 돌림판 안의 수를 곱하여 각각 흰색 돌림판에 써 보세요.

 2단 응용하기

1 '2의 3배'는 값이 얼마일까요?

① 2   ② 6   ③ 12

2 한 묶음에 2개의 알이 달린 체리가 총 5묶음 있으면, 체리알은 모두 몇 개일까요?

① 10개   ② 12개   ③ 18개

3 '2 + 2 + 2 + 2 + 2 + 2 + 2'는 2의 몇 배와 값이 같을까요?

① 6배   ② 7배   ③ 9배

4 '2 × 6'과 계산 값이 같은 덧셈은 무엇일까요?

① 2 + 2 + 2   ② 2 + 2 + 2 + 2   ③ 2 + 2 + 2 + 2 + 2 + 2

5 그림 속 열차에 탄 아이가 모두 몇 명인지 계산하는 곱셈식은 무엇일까요?

① 2 × 2 = 4   ② 2 × 4 = 8

③ 2 × 8 = 16   ④ 4 × 4 = 16

구구단 채우기

♣ 구구단 표에서 연두색으로 색칠된 부분에 알맞은 값을 써 보세요.

곱하는 수

×	1	2	3	4	5	6	7	8	9
2									
3									
4									
5									
6									
7									
8									
9									

곱해지는 수

왼쪽 수에 위의 수를 곱해서 쓰면 돼!

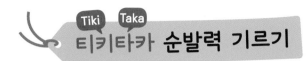

♣ QR코드를 찍어서 티키가 내는 구구단 문제의 답을 큰 소리로 외쳐 보세요.

틀린 문제 다시 익히기

답하지 못한 문제를 다시 쓰고, 기억해 보세요.

☐ × ☐ = ☐

☐ × ☐ = ☐

티키와 3단 원리를
알아볼까요?

3

단

3단이란?
3씩 계속 더하여 3의 1배, 2배, 3배…의
수를 계산하는 것!

3단 원리

♣ 3개짜리 바나나 묶음이 하나씩 늘어날 때마다 바나나는 모두 몇 개가 되는지 세어 보세요.

	3개 묶음이 하나	$3 \times 1 = 3$

3개 묶음이 둘 $3 \times 2 = $

$3 \times = $

$3 \times = $

$3 \times = $

$3 \times = $

$3 \times = $

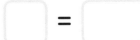

$3 \times = $

$3 \times = $

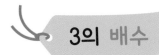

3의 배수

♣ 자전거가 한 번에 3칸씩 이동합니다.

두 번 더해지면 '2배', 세 번 더해지면 '3배'

○까지 가려면 0에서부터 각각 3의 몇 배만큼 이동해야 하는지 빈칸에 써 보세요.

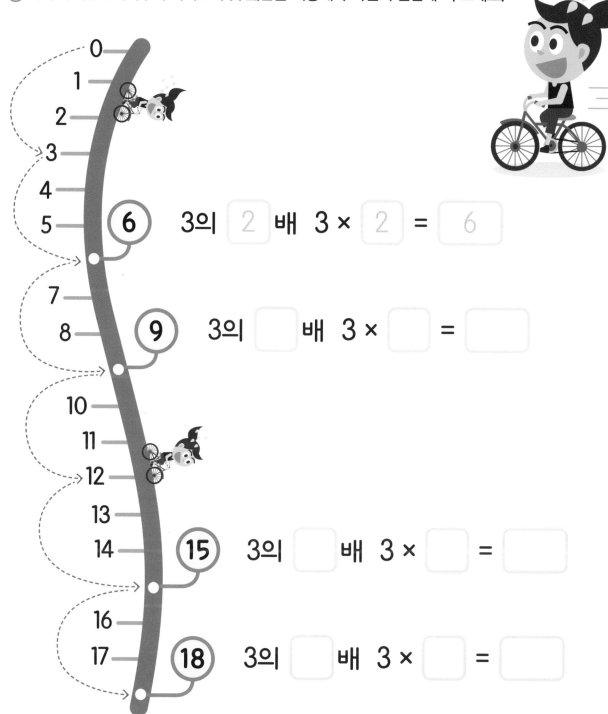

3의 ⬜2 배 3 × ⬜2 = ⬜6

3의 ⬜ 배 3 × ⬜ = ⬜

3의 ⬜ 배 3 × ⬜ = ⬜

3의 ⬜ 배 3 × ⬜ = ⬜

3단 곱셈

♣ 왼쪽 수에 3씩 더해 가며 오른쪽 빈칸을 채워 보세요.

3 [6] [ ] [ ] [ ] [ ] [ ] [ ] [ ]

+3 +3 +3 +3 +3 +3 +3 +3

♣ 다음 덧셈을 하여 3단 곱셈식을 만들어 보세요.

덧셈	곱셈식
3	3 × 1 = 3
3+3	3 × 2 = 6
3+3+3	
3+3+3+3	
3+3+3+3+3	
3+3+3+3+3+3	
3+3+3+3+3+3+3	
3+3+3+3+3+3+3+3	
3+3+3+3+3+3+3+3+3	

3단 읽기

♣ QR코드를 찍어 3단을 들으며 곱한 값을 써 보세요. 그리고 곱셈구구를 3번 따라 읽어 보세요.

3단	곱한 값	읽기
❶ 3 × 1	3	삼 일은 삼
❷ 3 × 2		삼 이 육
❸ 3 × 3		삼 삼은 구
❹ 3 × 4		삼 사 십이
❺ 3 × 5		삼 오 십오
❻ 3 × 6		삼 육 십팔
❼ 3 × 7		삼 칠 이십일
❽ 3 × 8		삼 팔 이십사
❾ 3 × 9		삼 구 이십칠

읽었습니다~

월   일

3단 규칙

♣ 색칠된 글자에서부터 3씩 더해 가며 순서대로 동그라미해 보세요.

1	2	3	4	5	6	7	8	9	10
11	12	13	14	15	16	17	18	19	20
21	22	23	24	25	26	27	28	29	30

♣ 빈칸을 채워 3단을 완성해 보세요.

$$3 \times 1 = 3$$

$3 \times 2 = \boxed{6}$ $3 \times 6 = \boxed{}$

$3 \times 3 = \boxed{}$ $3 \times 7 = \boxed{}$

$3 \times 4 = \boxed{}$ $3 \times 8 = \boxed{}$

$3 \times 5 = \boxed{}$ $3 \times 9 = \boxed{}$

3단 거꾸로 읽기

♣ 3단 읽기를 떠올리며 빈칸에 들어갈 말을 숫자로 써 보세요.
또, QR코드를 찍어 3단을 거꾸로 3번 따라 읽으며 외워 보세요.

❶ 3 × 9 → 삼 구 [27]

❷ 3 × 8 → 삼 팔 [ ]

❸ 3 × 7 → 삼 칠 [ ]

❹ 3 × 6 → 삼 육 [ ]

❺ 3 × 5 → 삼 오 [ ]

❻ 3 × 4 → 삼 사 [ ]

❼ 3 × 3 → 삼 삼은 [ ]

❽ 3 × 2 → 삼 이 [ ]

❾ 3 × 1 → 삼 일은 [ ]

3단 문제 풀기

1 빈칸에 알맞은 값을 써 보세요.

❶ $3 \times 1 =$ [3]

❷ $3 \times 2 =$ [ ]

❸ $3 \times 3 =$ [ ]

❹ $3 \times 4 =$ [ ]

❺ $3 \times 5 =$ [ ]

❻ $3 \times 6 =$ [ ]

❼ $3 \times 7 =$ [ ]

❽ $3 \times 8 =$ [ ]

❾ $3 \times 9 =$ [ ]

❿ $3 \times 2 =$ [ ]

⓫ $3 \times 7 =$ [ ]

⓬ $3 \times 4 =$ [ ]

⓭ $3 \times 5 =$ [ ]

⓮ $3 \times 8 =$ [ ]

⓯ $3 \times 1 =$ [ ]

⓰ $3 \times 9 =$ [ ]

⓱ $3 \times 6 =$ [ ]

⓲ $3 \times 3 =$ [ ]

2 곱셈이 맞은 것은 **O**표하고, 틀린 것은 **X**표한 뒤 식이 맞도록 고쳐 보세요.

❶ 3 × 2 = ~~8~~ (X)
　　　　 6

❷ 3 × 4 = 12 (　)

❸ 3 × 9 = 29 (　)

❹ 3 × 7 = 21 (　)

❺ 3 × 5 = 10 (　)

❻ 3 × 1 = 6 (　)

❼ 3 × 3 = 9 (　)

❽ 3 × 6 = 18 (　)

3 바른 곱셈식이 되도록 빈칸에 알맞은 값을 써 보세요.

❶ 3 × [5] = 15

❷ 3 × [　] = 24

❸ 3 × [　] = 9

❹ 3 × [　] = 27

❺ 3 × [　] = 21

❻ 3 × [　] = 6

❼ 3 × [　] = 18

❽ 3 × [　] = 12

세모세모 **3단** 곱하기

♣ 삼각형의 두 꼭짓점에 쓰인 수를 곱하여 나머지 한 꼭짓점에 써 보세요.

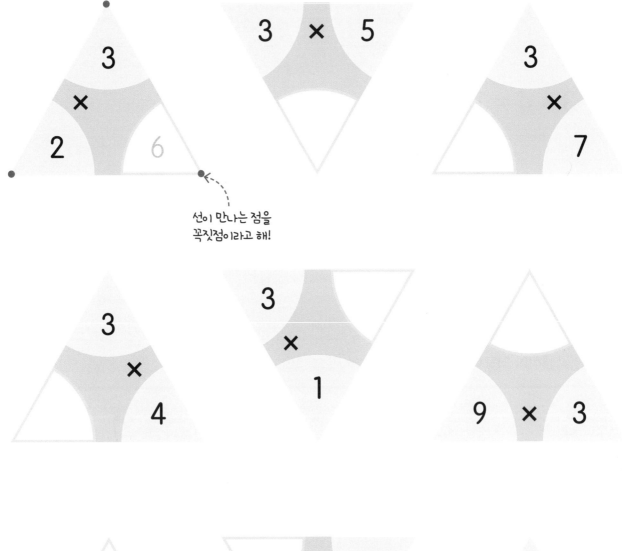

선이 만나는 점을
꼭짓점이라고 해!

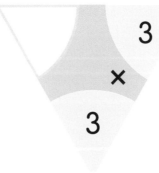
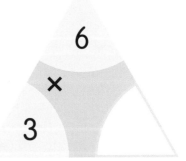

3단 응용하기

1 '3 × 4 = 12'를 바르게 읽은 것은 무엇일까요?

① 사 삼 십   ② 삼 사 십이   ③ 삼 사 십오

2 세 잎 클로버 6개의 이파리 수는 모두 몇 개일까요?

① 15개   ② 16개   ③ 18개

3 '3 × 7'과 계산 값이 같은 것은 무엇일까요?

① 2의 1배   ② 20   ③ 3＋3＋3＋3＋3＋3＋3

4 '27'은 3의 몇 배일까요?

① 9배   ② 8배   ③ 7배

5 네모(■) 하나가 '1 × 1'일 때 '3 × 3'을 바르게 나타낸 것은 무엇일까요?

①   ②   ③

구구단 채우기

♣ 구구단 표에서 연두색으로 색칠된 부분에 알맞은 값을 써 보세요.

곱하는 수

×	1	2	3	4	5	6	7	8	9
2		4							
3									
4									
5									
6									
7									
8									
9									

곱해지는 수

왼쪽 수에 위의 수를 곱해서 쓰면 돼!

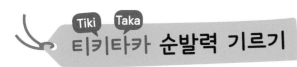

♣ QR코드를 찍어서 티키가 내는 구구단 문제의 답을 큰 소리로 외쳐 보세요.

틀린 문제 다시 익히기

답하지 못한 문제를 다시 쓰고, 기억해 보세요.

⬜ × ⬜ = ⬜

⬜ × ⬜ = ⬜

티키와 4단 원리를
알아볼까요?

4
단

4단이란?
4씩 계속 더하여 4의 1배, 2배, 3배…의
수를 계산하는 것!

4단 원리

♣ 구멍이 4개인 단추가 하나씩 늘어날 때마다 단춧구멍은 모두 몇 개가 되는지 세어 보세요.

   4개짜리가 하나 4 × ⟨1⟩ = ⟨4⟩

   4개짜리가 둘 4 × ⟨2⟩ = ☐

   4 × ☐ = ☐

   4 × ☐ = ☐

   4 × ☐ = ☐

   4 × ☐ = ☐

   4 × ☐ = ☐

   4 × ☐ = ☐

   4 × ☐ = ☐

4의 배수

두 번 더해지면 '2배', 세 번 더해지면 '3배'

♣ 우리 안에 있는 동물의 다리 수를 세어서 각각 4의 몇 배만큼의 다리가 있는지 써 보세요.

4의 2 배

4 × 2 = 8

4의 ☐ 배

4 × ☐ = ☐

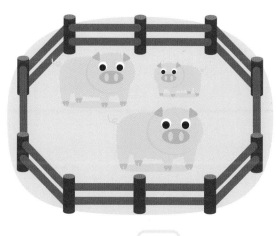

4의 ☐ 배

4 × ☐ = ☐

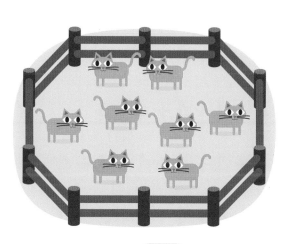

4의 ☐ 배

4 × ☐ = ☐

4단 곱셈

♣ 왼쪽 수에 4씩 더해 가며 오른쪽 빈칸을 채워 보세요.

4   8

+4   +4   +4   +4   +4   +4   +4   +4

♣ 다음 덧셈을 하여 4단 곱셈식을 만들어 보세요.

덧셈	곱셈식
4	$4 \times 1 = 4$
4+4	$4 \times 2 = 8$
4+4+4	
4+4+4+4	
4+4+4+4+4	
4+4+4+4+4+4	
4+4+4+4+4+4+4	
4+4+4+4+4+4+4+4	
4+4+4+4+4+4+4+4+4	

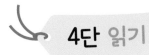

4단 읽기

♣ QR코드를 찍어 4단을 들으며 곱한 값을 써 보세요. 그리고 곱셈구구를 3번 따라 읽어 보세요.

4단	곱한 값	읽기
❶ 4 × 1	4	사 일은 사
❷ 4 × 2		사 이 팔
❸ 4 × 3		사 삼 십이
❹ 4 × 4		사 사 십육
❺ 4 × 5		사 오 이십
❻ 4 × 6		사 륙 이십사
❼ 4 × 7		사 칠 이십팔
❽ 4 × 8		사 팔 삼십이
❾ 4 × 9		사 구 삼십육

읽었습니다~

♣ **4단** 규칙

♣ 색칠된 글자에서부터 4씩 더해 가며 순서대로 동그라미해 보세요.

1	2	3	4	5	6	7	⑧	9	10
11	12	13	14	15	16	17	18	19	20
21	22	23	24	25	26	27	28	29	30
31	32	33	34	35	36	37	38	39	40

♣ 빈칸을 채워 4단을 완성해 보세요.

$$4 \times 1 = 4$$

$4 \times 2 = \boxed{8}$ $4 \times 6 = \boxed{}$

$4 \times 3 = \boxed{}$ $4 \times 7 = \boxed{}$

$4 \times 4 = \boxed{}$ $4 \times 8 = \boxed{}$

$4 \times 5 = \boxed{}$ $4 \times 9 = \boxed{}$

4단 거꾸로 읽기

♣ 4단 읽기를 떠올리며 빈칸에 들어갈 말을 숫자로 써 보세요.
또, QR코드를 찍어 4단을 거꾸로 3번 따라 읽으며 외워 보세요.

❶ 4 × 9 → 사 구 36

❷ 4 × 8 → 사 팔 [ ]

❸ 4 × 7 → 사 칠 [ ]

❹ 4 × 6 → 사 륙 [ ]

❺ 4 × 5 → 사 오 [ ]

❻ 4 × 4 → 사 사 [ ]

❼ 4 × 3 → 사 삼 [ ]

❽ 4 × 2 → 사 이 [ ]

❾ 4 × 1 → 사 일은 [ ]

읽었습니다~

4단 문제 풀기

1 빈칸에 알맞은 값을 써 보세요.

① 4 × 1 = 4

② 4 × 2 =

③ 4 × 3 =

④ 4 × 4 =

⑤ 4 × 5 =

⑥ 4 × 6 =

⑦ 4 × 7 =

⑧ 4 × 8 =

⑨ 4 × 9 =

⑩ 4 × 8 =

⑪ 4 × 3 =

⑫ 4 × 2 =

⑬ 4 × 7 =

⑭ 4 × 6 =

⑮ 4 × 5 =

⑯ 4 × 9 =

⑰ 4 × 4 =

⑱ 4 × 1 =

2 곱셈이 맞은 것은 O표하고, 틀린 것은 X표한 뒤 식이 맞도록 고쳐 보세요.

① 4 × 5 = 20 (O)   ⑤ 4 × 2 = 10 (　)

② 4 × 1 = 4 (　)   ⑥ 4 × 4 = 16 (　)

③ 4 × 8 = 32 (　)   ⑦ 4 × 6 = 20 (　)

④ 4 × 3 = 15 (　)   ⑧ 4 × 7 = 18 (　)

3 바른 곱셈식이 되도록 빈칸에 알맞은 값을 써 보세요.

① 4 × [4] = 16   ⑤ 4 × [ ] = 20

② 4 × [ ] = 36   ⑥ 4 × [ ] = 8

③ 4 × [ ] = 32   ⑦ 4 × [ ] = 28

④ 4 × [ ] = 24   ⑧ 4 × [ ] = 12

9일째

월   일

꼬불꼬불 4단 곱하기

♣ 출발점에서 시작하여 곱셈의 값이 바른 쪽을 따라가며 미로를 빠져나가 보세요.

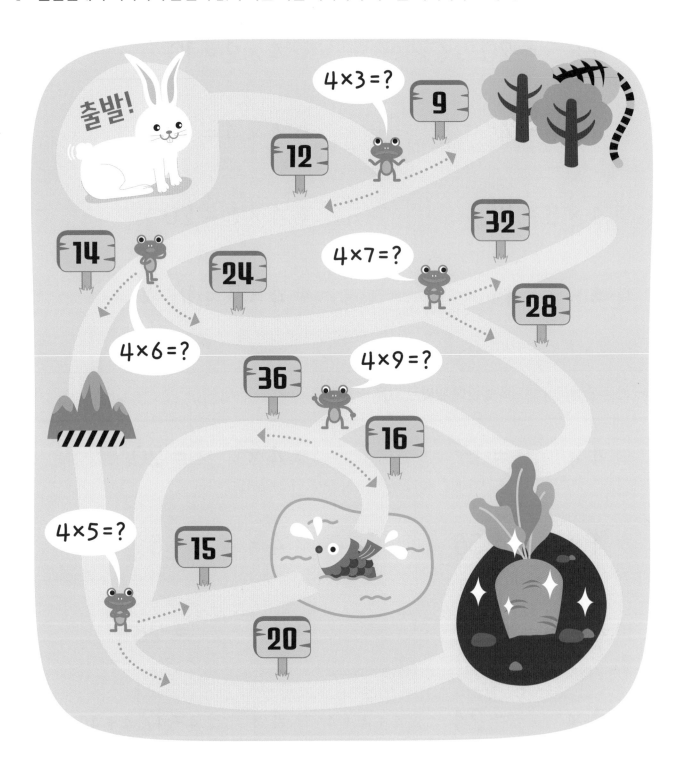

4단 응용하기

1 '4의 8배'는 값이 얼마일까요?

① 30   ② 32   ③ 36

2 '4 + 4 + 4 + 4 + 4 + 4'와 계산 값이 같은 것은 무엇일까요?

① 4 × 6   ② 4의 7배   ③ 20

3 날개가 4개인 바람개비 3개의 날개 수를 계산하는 곱셈식은 무엇일까요?

① 2 × 4 = 8   ② 4 × 3 = 12
③ 4 × 5 = 20   ④ 4 × 7 = 28

4 다음 그림과 같은 버스가 4대 있을 때 바퀴 수는 모두 몇 개일까요?

① 8개   ② 12개
③ 16개   ④ 20개

5 '4 × 2'를 덧셈으로 바르게 나타낸 것은 무엇일까요?

① 4 + 4   ② 4 + 4 + 4   ③ 4 + 4 + 4 + 4

♣ 구구단 표에서 연두색으로 색칠된 부분에 알맞은 값을 써 보세요.

×	곱하는 수								
	1	2	3	4	5	6	7	8	9
2				8					
3		6							
4									
5									
6									
7									
8									
9									

곱해지는 수

왼쪽 수에 위의 수를
곱해서 쓰면 돼!

티키타카 순발력 기르기

♣ QR코드를 찍어서 티키가 내는 구구단 문제의 답을 큰 소리로 외쳐 보세요.

틀린 문제 다시 익히기

답하지 못한 문제를 다시 쓰고, 기억해 보세요.

$$\boxed{} \times \boxed{} = \boxed{}$$

$$\boxed{} \times \boxed{} = \boxed{}$$

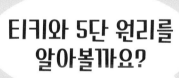

티키와 5단 원리를
알아볼까요?

5

단

5단이란?
5씩 계속 더하여 5의 1배, 2배, 3배…의
수를 계산하는 것!

5단 원리

♣ 손가락이 5개인 손이 하나씩 늘어날 때마다 손가락은 모두 몇 개가 되는지 세어 보세요.

  5개짜리가 하나 5 × [1] = [5]

 5 × [2] = [ ]

 5 × [ ] = [ ]

 5 × [ ] = [ ]

 5 × [ ] = [ ]

 5 × [ ] = [ ]

 5 × [ ] = [ ]

 5 × [ ] = [ ]

 5 × [ ] = [ ]

5의 배수

두 번 더해지면 '2배', 세 번 더해지면 '3배'

♣ 노란색으로 색칠된 부분의 수는 각각 5의 몇 배인지 써 보세요.

| 1 | 2 | 3 | 4 | 5 | 5의 1 배 | 5 × 1 = 5 |

| 6 | 7 | 8 | 9 | 10 | 5의 ⬜ 배 | 5 × ⬜ = ⬜ |

| 11 | 12 | 13 | 14 | 15 | 5의 ⬜ 배 | 5 × ⬜ = ⬜ |

| 16 | 17 | 18 | 19 | 20 | 5의 ⬜ 배 | 5 × ⬜ = ⬜ |

| 21 | 22 | 23 | 24 | 25 | 5의 ⬜ 배 | 5 × ⬜ = ⬜ |

| 26 | 27 | 28 | 29 | 30 | 5의 ⬜ 배 | 5 × ⬜ = ⬜ |

| 31 | 32 | 33 | 34 | 35 | 5의 ⬜ 배 | 5 × ⬜ = ⬜ |

| 36 | 37 | 38 | 39 | 40 | 5의 ⬜ 배 | 5 × ⬜ = ⬜ |

| 41 | 42 | 43 | 44 | 45 | 5의 ⬜ 배 | 5 × ⬜ = ⬜ |

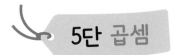5단 곱셈

♣ 왼쪽 수에 5씩 더해 가며 오른쪽 빈칸을 채워 보세요.

5 | 10 | | | | | | |

+5 +5 +5 +5 +5 +5 +5 +5

♣ 다음 덧셈을 하여 5단 곱셈식을 만들어 보세요.

덧셈	곱셈식
5	$5 \times 1 = 5$
5+5	$5 \times 2 = 10$
5+5+5	
5+5+5+5	
5+5+5+5+5	
5+5+5+5+5+5	
5+5+5+5+5+5+5	
5+5+5+5+5+5+5+5	
5+5+5+5+5+5+5+5+5	

 5단 읽기

♣ QR코드를 찍어 5단을 들으며 곱한 값을 써 보세요. 그리고 곱셈구구를 3번 따라 읽어 보세요.

5단	곱한 값	읽기
❶ 5 × 1	5	오 일은 오
❷ 5 × 2		오 이 십
❸ 5 × 3		오 삼 십오
❹ 5 × 4		오 사 이십
❺ 5 × 5		오 오 이십오
❻ 5 × 6		오 륙 삼십
❼ 5 × 7		오 칠 삼십오
❽ 5 × 8		오 팔 사십
❾ 5 × 9		오 구 사십오

읽었습니다~

5단 규칙

♣ 색칠된 글자에서부터 5씩 더해 가며 순서대로 동그라미해 보세요.

1	2	3	4	5	6	7	8	9	⑩
11	12	13	14	15	16	17	18	19	20
21	22	23	24	25	26	27	28	29	30
31	32	33	34	35	36	37	38	39	40
41	42	43	44	45	46	47	48	49	50

♣ 빈칸을 채워 5단을 완성해 보세요.

$$5 \times 1 = 5$$

$5 \times 2 = \boxed{10}$ $5 \times 6 = \boxed{}$

$5 \times 3 = \boxed{}$ $5 \times 7 = \boxed{}$

$5 \times 4 = \boxed{}$ $5 \times 8 = \boxed{}$

$5 \times 5 = \boxed{}$ $5 \times 9 = \boxed{}$

5단 거꾸로 읽기

♣ 5단 읽기를 떠올리며 빈칸에 들어갈 말을 숫자로 써 보세요.
또, QR코드를 찍어 5단을 거꾸로 3번 따라 읽으며 외워 보세요.

① 5×9 → 오 구 [45]

② 5×8 → 오 팔 [ ]

③ 5×7 → 오 칠 [ ]

④ 5×6 → 오 륙 [ ]

⑤ 5×5 → 오 오 [ ]

⑥ 5×4 → 오 사 [ ]

⑦ 5×3 → 오 삼 [ ]

⑧ 5×2 → 오 이 [ ]

⑨ 5×1 → 오 일은 [ ]

읽었습니다~

5단 문제 풀기

1 빈칸에 알맞은 값을 써 보세요.

❶ 5 × 1 = [5]

❷ 5 × 2 = [ ]

❸ 5 × 3 = [ ]

❹ 5 × 4 = [ ]

❺ 5 × 5 = [ ]

❻ 5 × 6 = [ ]

❼ 5 × 7 = [ ]

❽ 5 × 8 = [ ]

❾ 5 × 9 = [ ]

⑩ 5 × 5 = [ ]

⑪ 5 × 6 = [ ]

⑫ 5 × 8 = [ ]

⑬ 5 × 1 = [ ]

⑭ 5 × 9 = [ ]

⑮ 5 × 3 = [ ]

⑯ 5 × 7 = [ ]

⑰ 5 × 2 = [ ]

⑱ 5 × 4 = [ ]

2 곱셈이 맞은 것은 **O**표하고, 틀린 것은 **X**표한 뒤 식이 맞도록 고쳐 보세요.

① 5 × 1 = ~~15~~   (X)
          5

⑤ 5 × 4 = 20   (   )

② 5 × 7 = 45   (   )

⑥ 5 × 9 = 40   (   )

③ 5 × 3 = 35   (   )

⑦ 5 × 6 = 30   (   )

④ 5 × 5 = 25   (   )

⑧ 5 × 2 = 18   (   )

3 바른 곱셈식이 되도록 빈칸에 알맞은 값을 써 보세요.

① 5 × [2] = 10

⑤ 5 × [ ] = 25

② 5 × [ ] = 45

⑥ 5 × [ ] = 35

③ 5 × [ ] = 30

⑦ 5 × [ ] = 40

④ 5 × [ ] = 20

⑧ 5 × [ ] = 15

12일째

월   일

♣ 째깍째깍 5단 곱하기

♣ 가운데 쓰인 수와 점선 방향의 수를 곱하면 각각 몇 분(시간 단위)이 되는지 빈칸에 써 보세요.

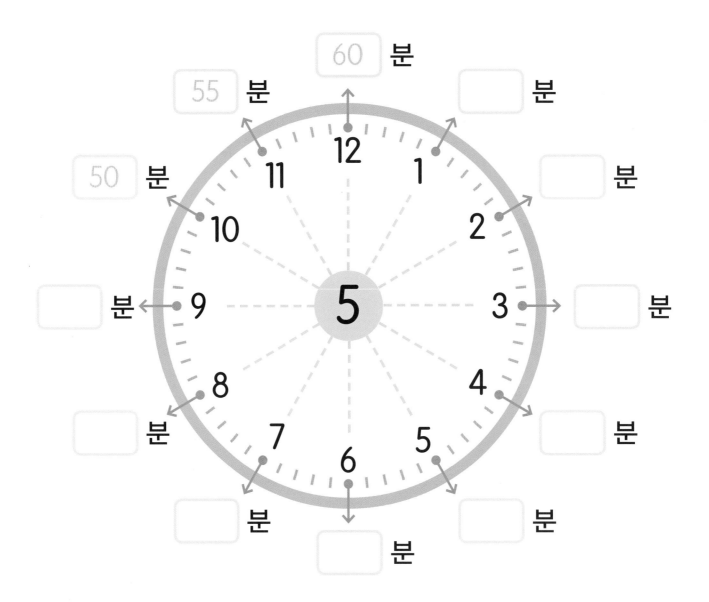

5단 응용하기

1 시계의 분침이 10을 가리킬 때 몇 분인지 계산하는 곱셈식은 무엇일까요?

① 5 × 2 = 10   ② 5 × 5 = 25

③ 5 × 7 = 35   ④ 5 × 10 = 50

2 5층짜리 건물이 3채 있으면, 모두 몇 개의 층이 있는 것일까요?

① 5개   ② 10개   ③ 15개

3 '5 × 8'은 5의 몇 배일까요?

① 4배   ② 6배   ③ 8배

4 '5 + 5 + 5 + 5 + 5'와 계산 값이 같은 것은 무엇일까요?

① 5 × 1   ② 5 × 4   ③ 5 × 5

5 네모(■) 하나가 '1 × 1'일 때 '5 × 2'를 바르게 나타낸 것은 무엇일까요?

①    ②   ③

♣ 구구단 표에서 연두색으로 색칠된 부분에 알맞은 값을 써 보세요.

×	1	2	3	4	5	6	7	8	9
2					10				
3	3								
4					20				
5									
6									
7									
8									
9									

곱하는 수

곱해지는 수

왼쪽 수에 위의 수를 곱해서 쓰면 돼!

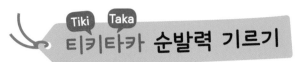

♣ QR코드를 찍어서 티키가 내는 구구단 문제의 답을 큰 소리로 외쳐 보세요.

🙂 틀린 문제 다시 익히기

답하지 못한 문제를 다시 쓰고, 기억해 보세요.

☐ × ☐ = ☐

☐ × ☐ = ☐

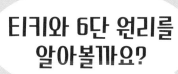

티키와 6단 원리를
알아볼까요?

6
단

6단이란?
6씩 계속 더하여 6의 1배, 2배, 3배…의
수를 계산하는 것!

6단 원리

♣ 볼록한 모양이 6개인 블록이 하나씩 늘어날 때마다 볼록한 모양은 모두 몇 개가 되는지 세어 보세요.

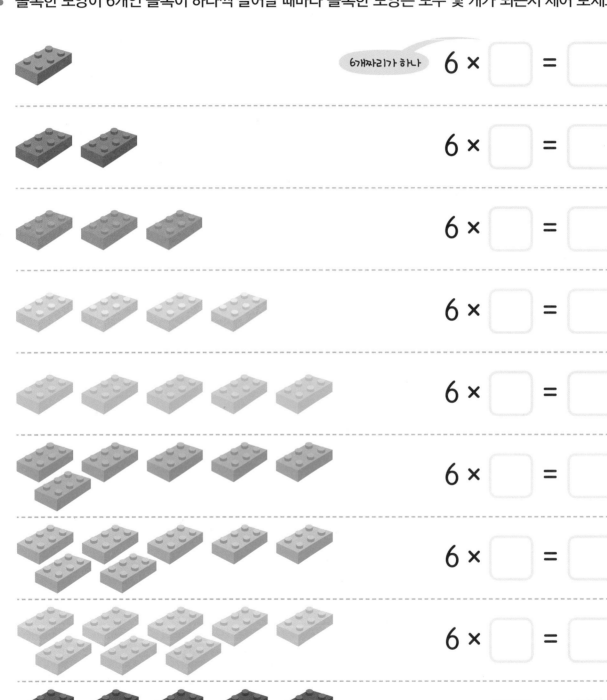

6개짜리가 하나

$6 \times \boxed{} = \boxed{}$

$6 \times \boxed{} = \boxed{}$

$6 \times \boxed{} = \boxed{}$

$6 \times \boxed{} = \boxed{}$

$6 \times \boxed{} = \boxed{}$

$6 \times \boxed{} = \boxed{}$

$6 \times \boxed{} = \boxed{}$

$6 \times \boxed{} = \boxed{}$

$6 \times \boxed{} = \boxed{}$

6의 배수

두 번 더해지면 '2배', 세 번 더해지면 '3배'

♣ 케이크 진열장의 칸마다 각각 6의 몇 배만큼의 조각 케이크가 들어 있는지 써 보세요.

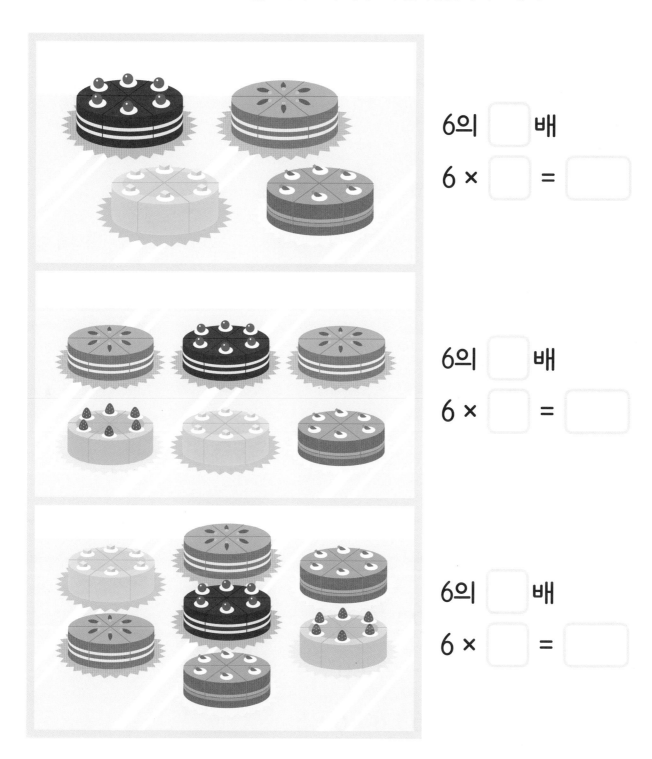

6의 ☐ 배

6 × ☐ = ☐

6의 ☐ 배

6 × ☐ = ☐

6의 ☐ 배

6 × ☐ = ☐

6단 곱셈

♣ 왼쪽 수에 6씩 더해 가며 오른쪽 빈칸을 채워 보세요.

6 ⟶ +6 ⟶ +6 ⟶ +6 ⟶ +6 ⟶ +6 ⟶ +6 ⟶ +6 ⟶ +6

♣ 다음 덧셈을 하여 6단 곱셈식을 만들어 보세요.

덧셈	곱셈식
6	
6+6	
6+6+6	
6+6+6+6	
6+6+6+6+6	
6+6+6+6+6+6	
6+6+6+6+6+6+6	
6+6+6+6+6+6+6+6	
6+6+6+6+6+6+6+6+6	

 6단 읽기

♣ QR코드를 찍어 6단을 들으며 곱한 값을 써 보세요. 그리고 곱셈구구를 3번 따라 읽어 보세요.

6단	곱한 값	읽기
❶ 6 × 1		육 일은 육
❷ 6 × 2		육 이 십이
❸ 6 × 3		육 삼 십팔
❹ 6 × 4		육 사 이십사
❺ 6 × 5		육 오 삼십
❻ 6 × 6		육 육 삼십육
❼ 6 × 7		육 칠 사십이
❽ 6 × 8		육 팔 사십팔
❾ 6 × 9		육 구 오십사

읽었습니다~

6단 규칙

번개 퀴즈

$5 \times 9 = \boxed{}$

♣ 색칠된 글자에서부터 6씩 더해 가며 순서대로 동그라미해 보세요.

1	2	3	4	5	6	7	8	9	10
11	⑫	13	14	15	16	17	18	19	20
21	22	23	24	25	26	27	28	29	30
31	32	33	34	35	36	37	38	39	40
41	42	43	44	45	46	47	48	49	50
51	52	53	54	55	56	57	58	59	60

♣ 빈칸을 채워 6단을 완성해 보세요.

$$6 \times 1 = 6$$

$6 \times 2 = \boxed{}$　　　　$6 \times 6 = \boxed{}$

$6 \times 3 = \boxed{}$　　　　$6 \times 7 = \boxed{}$

$6 \times 4 = \boxed{}$　　　　$6 \times 8 = \boxed{}$

$6 \times 5 = \boxed{}$　　　　$6 \times 9 = \boxed{}$

 6단 거꾸로 읽기

♣ 6단 읽기를 떠올리며 빈칸에 들어갈 말을 숫자로 써 보세요.
또, QR코드를 찍어 6단을 거꾸로 3번 따라 읽으며 외워 보세요.

❶ 6×9 → 육 구 [   ]

❷ 6×8 → 육 팔 [   ]

❸ 6×7 → 육 칠 [   ]

❹ 6×6 → 육 육 [   ]

❺ 6×5 → 육 오 [   ]

❻ 6×4 → 육 사 [   ]

❼ 6×3 → 육 삼 [   ]

❽ 6×2 → 육 이 [   ]

❾ 6×1 → 육 일은 [   ]

읽었습니다~

6단 문제 풀기

1 빈칸에 알맞은 값을 써 보세요.

❶ $6 \times 1 =$ ☐

❷ $6 \times 2 =$ ☐

❸ $6 \times 3 =$ ☐

❹ $6 \times 4 =$ ☐

❺ $6 \times 5 =$ ☐

❻ $6 \times 6 =$ ☐

❼ $6 \times 7 =$ ☐

❽ $6 \times 8 =$ ☐

❾ $6 \times 9 =$ ☐

❿ $6 \times 7 =$ ☐

⓫ $6 \times 1 =$ ☐

⓬ $6 \times 4 =$ ☐

⓭ $6 \times 6 =$ ☐

⓮ $6 \times 8 =$ ☐

⓯ $6 \times 2 =$ ☐

⓰ $6 \times 3 =$ ☐

⓱ $6 \times 9 =$ ☐

⓲ $6 \times 5 =$ ☐

2 곱셈이 맞은 것은 **O**표하고, 틀린 것은 **X**표한 뒤 식이 맞도록 고쳐 보세요.

❶ 6 × 1 = 6   (   )   ❺ 6 × 2 = 10   (   )

❷ 6 × 4 = 20   (   )   ❻ 6 × 6 = 36   (   )

❸ 6 × 7 = 32   (   )   ❼ 6 × 3 = 18   (   )

❹ 6 × 5 = 30   (   )   ❽ 6 × 9 = 44   (   )

3 바른 곱셈식이 되도록 빈칸에 알맞은 값을 써 보세요.

❶ 6 × ☐ = 18   ❺ 6 × ☐ = 12

❷ 6 × ☐ = 30   ❻ 6 × ☐ = 42

❸ 6 × ☐ = 48   ❼ 6 × ☐ = 24

❹ 6 × ☐ = 36   ❽ 6 × ☐ = 54

알록달록 6단 곱하기

♣ 그림 속 곱셈을 풀어 계산 값의 끝자리에 맞는 색을 칠해 보세요.

6단 응용하기

1 '3 × 6'과 계산 값이 같은 것은 무엇일까요?

① 6 × 2　　　　　② 6의 3배　　　　　③ 6 + 6 + 6 + 6

2 '48'은 6의 몇 배일까요?

① 7배　　　　　② 8배　　　　　③ 9배

3 육각형으로 만들어진 벌집이 7칸 있을 때, 육각형에 쓰인 선은 모두 몇 개일까요?

① 24개　　　　　② 29개
③ 36개　　　　　④ 42개

4 알이 6개 달린 포도가 5송이 있을 때 포도알은 모두 몇 개일까요?

① 25개　　　　　② 30개
③ 36개　　　　　④ 40개

5 '6 + 6 + 6 + 6 + 6 + 6 + 6 + 6 + 6'을 곱셈으로 바르게 나타낸 것은 무엇일까요?

① 6 × 6　　　　　② 6 × 8　　　　　③ 6 × 9

♣ 구구단 표에서 연두색으로 색칠된 부분에 알맞은 값을 써 보세요.

×	1	2	3	4	5	6	7	8	9
2	2								
3			9						
4		8							
5				20					
6									
7									
8									
9									

곱하는 수

곱해지는 수

왼쪽 수에 위의 수를 곱해서 쓰면 돼!

티키타카 순발력 기르기

♣ QR코드를 찍어서 티키가 내는 구구단 문제의 답을 큰 소리로 외쳐 보세요.

틀린 문제 다시 익히기

답하지 못한 문제를 다시 쓰고, 기억해 보세요.

☐ × ☐ = ☐

☐ × ☐ = ☐

티키와 7단 원리를
알아볼까요?

7단

7단이란?

7씩 계속 더하여 7의 1배, 2배, 3배…의
수를 계산하는 것!

7단 원리

♣ 7개의 잎으로 이루어진 꽃이 하나씩 늘어날 때마다 꽃잎은 모두 몇 개가 되는지 세어 보세요.

 　7개짜리가 하나　$7 \times$ ☐ $=$ ☐

 　$7 \times$ ☐ $=$ ☐

 　$7 \times$ ☐ $=$ ☐

 　$7 \times$ ☐ $=$ ☐

 　$7 \times$ ☐ $=$ ☐

$7 \times$ ☐ $=$ ☐

$7 \times$ ☐ $=$ ☐

$7 \times$ ☐ $=$ ☐

$7 \times$ ☐ $=$ ☐

$7 \times$ ☐ $=$ ☐

7의 배수

두 번 더해지면 '2배', 세 번 더해지면 '3배'

♣ 다음 달력에서 토요일의 날짜는 각각 7의 몇 배인지 써 보세요.

20△△년　　　　　　　　　　**7월**

일	월	화	수	목	금	토
1	2	3	4	5	6	7
8	9	10	11	12	13	14
15	16	17	18	19	20	21
22	23	24	25	26	27	28
29	30	31				

7의 ☐ 배
7 × ☐ = ☐

7의 ☐ 배
7 × ☐ = ☐

7의 ☐ 배
7 × ☐ = ☐

7의 ☐ 배
7 × ☐ = ☐

7단 곱셈

♣ 왼쪽 수에 7씩 더해 가며 오른쪽 빈칸을 채워 보세요.

7 [ ] [ ] [ ] [ ] [ ] [ ] [ ] [ ]

+7 +7 +7 +7 +7 +7 +7 +7

♣ 다음 덧셈을 하여 7단 곱셈식을 만들어 보세요.

덧셈	곱셈식
7	
7+7	
7+7+7	
7+7+7+7	
7+7+7+7+7	
7+7+7+7+7+7	
7+7+7+7+7+7+7	
7+7+7+7+7+7+7+7	
7+7+7+7+7+7+7+7+7	

7단 읽기

♣ QR코드를 찍어 7단을 들으며 곱한 값을 써 보세요. 그리고 곱셈구구를 3번 따라 읽어 보세요.

7단	곱한 값	읽기
❶ 7 × 1		칠 일은 칠
❷ 7 × 2		칠 이 십사
❸ 7 × 3		칠 삼 이십일
❹ 7 × 4		칠 사 이십팔
❺ 7 × 5		칠 오 삼십오
❻ 7 × 6		칠 육 사십이
❼ 7 × 7		칠 칠 사십구
❽ 7 × 8		칠 팔 오십육
❾ 7 × 9		칠 구 육십삼

읽었습니다~

7단 규칙

♣ 색칠된 글자에서부터 7씩 더해 가며 순서대로 동그라미해 보세요.

1	2	3	4	5	6	7	8	9	10
11	12	13	⑭	15	16	17	18	19	20
21	22	23	24	25	26	27	28	29	30
31	32	33	34	35	36	37	38	39	40
41	42	43	44	45	46	47	48	49	50
51	52	53	54	55	56	57	58	59	60
61	62	63	64	65	66	67	68	69	70

♣ 빈칸을 채워 7단을 완성해 보세요.

$$7 \times 1 = 7$$

$7 \times 2 = \boxed{}$ $7 \times 6 = \boxed{}$

$7 \times 3 = \boxed{}$ $7 \times 7 = \boxed{}$

$7 \times 4 = \boxed{}$ $7 \times 8 = \boxed{}$

$7 \times 5 = \boxed{}$ $7 \times 9 = \boxed{}$

7단 거꾸로 읽기

♣ 7단 읽기를 떠올리며 빈칸에 들어갈 말을 숫자로 써 보세요.
또, QR코드를 찍어 7단을 거꾸로 3번 따라 읽으며 외워 보세요.

① 7 × 9 → 칠 구 [　　]

② 7 × 8 → 칠 팔 [　　]

③ 7 × 7 → 칠 칠 [　　]

④ 7 × 6 → 칠 육 [　　]

⑤ 7 × 5 → 칠 오 [　　]

⑥ 7 × 4 → 칠 사 [　　]

⑦ 7 × 3 → 칠 삼 [　　]

⑧ 7 × 2 → 칠 이 [　　]

⑨ 7 × 1 → 칠 일은 [　　]

읽었습니다~

7단 문제 풀기

1 빈칸에 알맞은 값을 써 보세요.

❶ 7 × 1 = ☐   ❿ 7 × 4 = ☐

❷ 7 × 2 = ☐   ⑪ 7 × 2 = ☐

❸ 7 × 3 = ☐   ⑫ 7 × 9 = ☐

❹ 7 × 4 = ☐   ⑬ 7 × 6 = ☐

❺ 7 × 5 = ☐   ⑭ 7 × 3 = ☐

❻ 7 × 6 = ☐   ⑮ 7 × 7 = ☐

❼ 7 × 7 = ☐   ⑯ 7 × 1 = ☐

❽ 7 × 8 = ☐   ⑰ 7 × 8 = ☐

❾ 7 × 9 = ☐   ⑱ 7 × 5 = ☐

2 곱셈이 맞은 것은 **O**표하고, 틀린 것은 **X**표한 뒤 식이 맞도록 고쳐 보세요.

❶ 7 × 2 = 21　（　　　）

❷ 7 × 6 = 42　（　　　）

❸ 7 × 4 = 32　（　　　）

❹ 7 × 7 = 42　（　　　）

❺ 7 × 3 = 21　（　　　）

❻ 7 × 9 = 54　（　　　）

❼ 7 × 5 = 35　（　　　）

❽ 7 × 8 = 56　（　　　）

3 바른 곱셈식이 되도록 빈칸에 알맞은 값을 써 보세요.

❶ 7 × □ = 21

❷ 7 × □ = 35

❸ 7 × □ = 63

❹ 7 × □ = 56

❺ 7 × □ = 7

❻ 7 × □ = 49

❼ 7 × □ = 42

❽ 7 × □ = 28

무지개 7단 곱하기

♣ 구름이 안고 있는 수와 무지개의 각 색에 적힌 수를 곱하면 각각 몇이 되는지 빈칸에 써 보세요.

7단 응용하기

1 '7의 5배'를 계산하는 곱셈으로 바른 것은 무엇일까요?

① 7 + 5   ② 7 × 5   ③ 75

2 계산기에서 '7 × 8'을 순서대로 누르면 계산 결과는 얼마일까요?

① 35   ② 42

③ 49   ④ 56

3 일주일은 7일입니다. 4주는 모두 며칠일까요?

① 14일   ② 21일   ③ 28일

4 '도, 레, 미, 파, 솔, 라, 시' 7개로 이루어진 건반이 3개 있을 때,
흰 건반이 모두 몇 개인지 계산하는 곱셈식은 무엇일까요?

① 7 × 1 = 7   ② 7 × 3 = 21

③ 7 × 6 = 42   ④ 7 × 9 = 63

5 '7 + 7 + 7 + 7 + 7 + 7 + 7'을 곱셈으로 바르게 나타낸 것은 무엇일까요?

① 7 × 7   ② 7 × 8   ③ 7 × 9

구구단 채우기

♣ 구구단 표에서 연두색으로 색칠된 부분에 알맞은 값을 써 보세요.

곱하는 수

×	1	2	3	4	5	6	7	8	9
2								16	
3							21		
4					20				
5		10							
6						36			
7									
8									
9									

곱해지는 수

왼쪽 수에 위의 수를 곱해서 쓰면 돼!

90   티키타카 구구단

티키타카 순발력 기르기

♣ QR코드를 찍어서 티키가 내는 구구단 문제의 답을 큰 소리로 외쳐 보세요.

틀린 문제 다시 익히기

답하지 못한 문제를 다시 쓰고, 기억해 보세요.

☐ × ☐ = ☐

☐ × ☐ = ☐

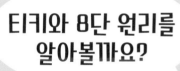

티키와 8단 원리를
알아볼까요?

8
단

8단이란?

8씩 계속 더하여 8의 1배, 2배, 3배…의
수를 계산하는 것!

8단 원리

♣ 다리가 8개인 거미가 한 마리씩 늘어날 때마다 거미의 다리는 모두 몇 개가 되는지 세어 보세요.

8개짜리가 하나　$8 \times \boxed{} = \boxed{}$

$8 \times \boxed{} = \boxed{}$

$8 \times \boxed{} = \boxed{}$

$8 \times \boxed{} = \boxed{}$

$8 \times \boxed{} = \boxed{}$

$8 \times \boxed{} = \boxed{}$

$8 \times \boxed{} = \boxed{}$

$8 \times \boxed{} = \boxed{}$

$8 \times \boxed{} = \boxed{}$

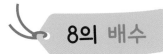
8의 배수

두 번 더해지면 '2배', 세 번 더해지면 '3배'

♣ 피자 트럭에서 각 집으로 8의 몇 배만큼의 피자 조각을 배달했는지 써 보세요.

8의 ⬜ 배

8 × ⬜ = ⬜

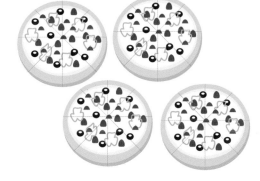

8의 ⬜ 배

8 × ⬜ = ⬜

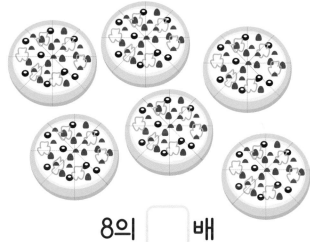

8의 ⬜ 배

8 × ⬜ = ⬜

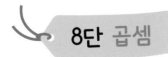
8단 곱셈

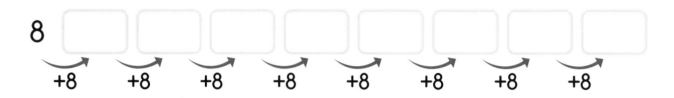
번개 퀴즈
7 × 4 = ☐

♣ 왼쪽 수에 8씩 더해 가며 오른쪽 빈칸을 채워 보세요.

8 [ ] [ ] [ ] [ ] [ ] [ ] [ ] [ ]

+8 +8 +8 +8 +8 +8 +8 +8

♣ 다음 덧셈을 하여 8단 곱셈식을 만들어 보세요.

덧셈	곱셈식
8	
8+8	
8+8+8	
8+8+8+8	
8+8+8+8+8	
8+8+8+8+8+8	
8+8+8+8+8+8+8	
8+8+8+8+8+8+8+8	
8+8+8+8+8+8+8+8+8	

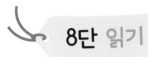
8단 읽기

♣ QR코드를 찍어 8단을 들으며 곱한 값을 써 보세요. 그리고 곱셈구구를 3번 따라 읽어 보세요.

8단	곱한 값	읽기
❶ 8 × 1		팔 일은 팔
❷ 8 × 2		팔 이 십육
❸ 8 × 3		팔 삼 이십사
❹ 8 × 4		팔 사 삼십이
❺ 8 × 5		팔 오 사십
❻ 8 × 6		팔 육 사십팔
❼ 8 × 7		팔 칠 오십육
❽ 8 × 8		팔 팔 육십사
❾ 8 × 9		팔 구 칠십이

읽었습니다~

8단 규칙

♣ 색칠된 글자에서부터 8씩 더해 가며 순서대로 동그라미해 보세요.

1	2	3	4	5	6	7	8	9	10
11	12	13	14	15	(16)	17	18	19	20
21	22	23	24	25	26	27	28	29	30
31	32	33	34	35	36	37	38	39	40
41	42	43	44	45	46	47	48	49	50
51	52	53	54	55	56	57	58	59	60
61	62	63	64	65	66	67	68	69	70
71	72	73	74	75	76	77	78	79	80

♣ 빈칸을 채워 8단을 완성해 보세요.

$$8 \times 1 = 8$$

$8 \times 2 = \boxed{}$ $8 \times 6 = \boxed{}$

$8 \times 3 = \boxed{}$ $8 \times 7 = \boxed{}$

$8 \times 4 = \boxed{}$ $8 \times 8 = \boxed{}$

$8 \times 5 = \boxed{}$ $8 \times 9 = \boxed{}$

8단 거꾸로 읽기

♣ 8단 읽기를 떠올리며 빈칸에 들어갈 말을 숫자로 써 보세요.
또, QR코드를 찍어 8단을 거꾸로 3번 따라 읽으며 외워 보세요.

❶ 8 × 9 → 팔 구

❷ 8 × 8 → 팔 팔

❸ 8 × 7 → 팔 칠

❹ 8 × 6 → 팔 육

❺ 8 × 5 → 팔 오

❻ 8 × 4 → 팔 사

❼ 8 × 3 → 팔 삼

❽ 8 × 2 → 팔 이

❾ 8 × 1 → 팔 일은

1 빈칸에 알맞은 값을 써 보세요.

❶ 8 × 1 = 　

❷ 8 × 2 = 　

❸ 8 × 3 = 　

❹ 8 × 4 = 　

❺ 8 × 5 = 　

❻ 8 × 6 = 　

❼ 8 × 7 = 　

❽ 8 × 8 = 　

❾ 8 × 9 = 　

⑩ 8 × 3 = 　

⑪ 8 × 8 = 　

⑫ 8 × 1 = 　

⑬ 8 × 6 = 　

⑭ 8 × 5 = 　

⑮ 8 × 2 = 　

⑯ 8 × 7 = 　

⑰ 8 × 9 = 　

⑱ 8 × 4 =

2 곱셈이 맞은 것은 **O**표하고, 틀린 것은 **X**표한 뒤 식이 맞도록 고쳐 보세요.

① 8 × 1 = 8 (　　)

② 8 × 6 = 48 (　　)

③ 8 × 4 = 35 (　　)

④ 8 × 2 = 16 (　　)

⑤ 8 × 9 = 70 (　　)

⑥ 8 × 8 = 62 (　　)

⑦ 8 × 5 = 42 (　　)

⑧ 8 × 7 = 56 (　　)

3 바른 곱셈식이 되도록 빈칸에 알맞은 값을 써 보세요.

① 8 × □ = 48

② 8 × □ = 40

③ 8 × □ = 24

④ 8 × □ = 64

⑤ 8 × □ = 32

⑥ 8 × □ = 16

⑦ 8 × □ = 72

⑧ 8 × □ = 56

버블버블 **8단 곱하기**

♣ 비눗방울 안에 적힌 수를 곱하고, 화살표를 따라가며 곱셈식을 계속 만들어 보세요.

여기에 쓴 값을
화살표 방향에도 똑같이 써요.

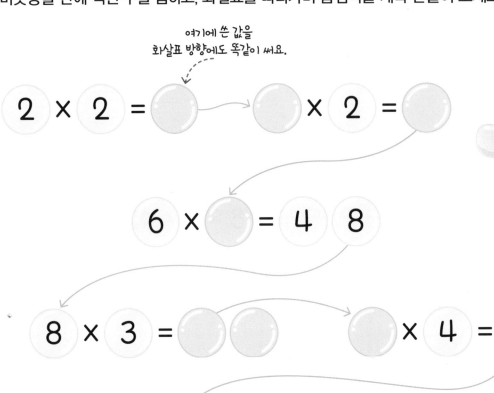

$$2 \times 2 = \bigcirc \quad\longrightarrow\quad \bigcirc \times 2 = \bigcirc$$

$$6 \times \bigcirc = 4\,8$$

$$8 \times 3 = \bigcirc\bigcirc \quad\longrightarrow\quad \bigcirc \times 4 = \bigcirc$$

$$8 \times 9 = \bigcirc\bigcirc$$

$$\bigcirc \times 9 = \bigcirc\bigcirc \quad\longrightarrow\quad \bigcirc \times 8 = \bigcirc\bigcirc$$

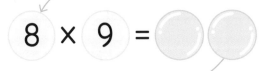

$$\bigcirc \times 7 = 2\,\bigcirc$$

$$\bigcirc \times 4 = \bigcirc 2$$

 8단 응용하기

1 '8 × 4'는 8의 몇 배일까요?

① 4배　　　　　② 6배　　　　　③ 8배

2 문어의 다리는 8개입니다. 문어 7마리의 다리 수는 모두 몇 개일까요?

① 48개　　　　② 56개
③ 64개　　　　④ 72개

3 '8 × 2'와 계산 값이 같은 것은 무엇일까요?

① 8 + 2　　　　② 2 × 8　　　　③ 8 + 8 + 8

4 '8 + 8 + 8 + 8'과 계산 값이 <u>다른</u> 것은 무엇일까요?

① 8 × 4　　　　② 8의 4배　　　　③ 4 × 4

5 8명이 탈 수 있는 버스 5대에 사람이 꽉 찼다면, 버스에 탄 사람은 모두 몇 명일까요?

① 20　　　　　② 30
③ 40　　　　　④ 50

구구단 **채우기**

♣ 구구단 표에서 연두색으로 색칠된 부분에 알맞은 값을 써 보세요.

곱하는 수

×	1	2	3	4	5	6	7	8	9
2					10				
3				12					
4			12						
5						30			
6	6								
7							49		
8									
9									

곱해지는 수

왼쪽 수에 위의 수를
곱해서 쓰면 돼!

티키타카 순발력 기르기

♣ QR코드를 찍어서 티키가 내는 구구단 문제의 답을 큰 소리로 외쳐 보세요.

틀린 문제 다시 익히기

답하지 못한 문제를 다시 쓰고, 기억해 보세요.

☐ × ☐ = ☐

☐ × ☐ = ☐

티키와 9단 원리를
알아볼까요?

9

단

9단이란?
9씩 계속 더하여 9의 1배, 2배, 3배…의
수를 계산하는 것!

9단 **원리**

♣ 초콜릿이 9개씩 담긴 상자가 하나씩 늘어날 때마다 초콜릿의 개수는 모두 몇 개가 되는지 세어 보세요.

  9개짜리가 하나 $9 \times \boxed{} = \boxed{}$

 $9 \times \boxed{} = \boxed{}$

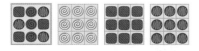 $9 \times \boxed{} = \boxed{}$

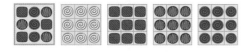 $9 \times \boxed{} = \boxed{}$

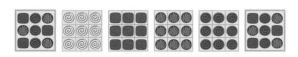 $9 \times \boxed{} = \boxed{}$

 $9 \times \boxed{} = \boxed{}$

 $9 \times \boxed{} = \boxed{}$

           $9 \times \boxed{} = \boxed{}$

9의 배수

두 번 더해지면 '2배', 세 번 더해지면 '3배'

♣ 무당벌레가 화살표 방향을 따라 원 모양으로 각 나뭇잎까지 가려면 각각 9의 몇 배만큼씩
이동해야 하는지 빈칸에 써 보세요.

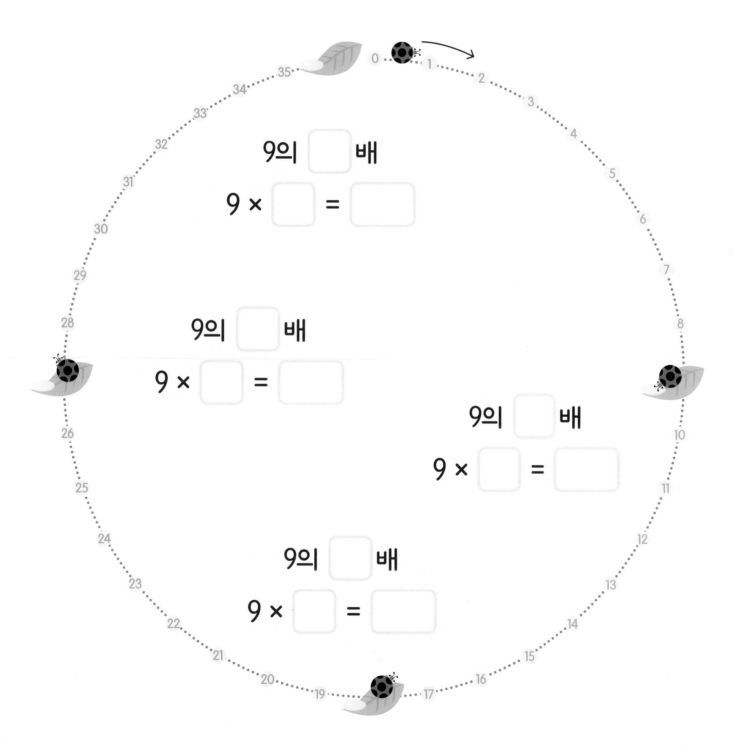

9단 곱셈

♣ 왼쪽 수에 9씩 더해 가며 오른쪽 빈칸을 채워 보세요.

9 ☐ ☐ ☐ ☐ ☐ ☐ ☐ ☐

+9 +9 +9 +9 +9 +9 +9 +9

♣ 다음 덧셈을 하여 9단 곱셈식을 만들어 보세요.

덧셈	곱셈식
9	
9+9	
9+9+9	
9+9+9+9	
9+9+9+9+9	
9+9+9+9+9+9	
9+9+9+9+9+9+9	
9+9+9+9+9+9+9+9	
9+9+9+9+9+9+9+9+9	

9단 읽기

♣ QR코드를 찍어 9단을 들으며 곱한 값을 써 보세요. 그리고 곱셈구구를 3번 따라 읽어 보세요.

9단	곱한 값	읽기
① 9 × 1		구 일은 구
② 9 × 2		구 이 십팔
③ 9 × 3		구 삼 이십칠
④ 9 × 4		구 사 삼십육
⑤ 9 × 5		구 오 사십오
⑥ 9 × 6		구 륙 오십사
⑦ 9 × 7		구 칠 육십삼
⑧ 9 × 8		구 팔 칠십이
⑨ 9 × 9		구 구 팔십일

읽었습니다~

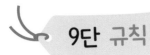

9단 규칙

번개 퀴즈

$8 \times 9 = \boxed{}$

♣ 색칠된 글자에서부터 9씩 더해 가며 순서대로 동그라미해 보세요.

1	2	3	4	5	6	7	8	9	10
11	12	13	14	15	16	17	⑱	19	20
21	22	23	24	25	26	27	28	29	30
31	32	33	34	35	36	37	38	39	40
41	42	43	44	45	46	47	48	49	50
51	52	53	54	55	56	57	58	59	60
61	62	63	64	65	66	67	68	69	70
71	72	73	74	75	76	77	78	79	80
81	82	83	34	85	86	87	88	89	90

♣ 빈칸을 채워 9단을 완성해 보세요.

$$9 \times 1 = 9$$

$9 \times 2 = \boxed{}$ $9 \times 6 = \boxed{}$

$9 \times 3 = \boxed{}$ $9 \times 7 = \boxed{}$

$9 \times 4 = \boxed{}$ $9 \times 8 = \boxed{}$

$9 \times 5 = \boxed{}$ $9 \times 9 = \boxed{}$

9단 거꾸로 읽기

♣ 9단 읽기를 떠올리며 빈칸에 들어갈 말을 숫자로 써 보세요.
또, QR코드를 찍어 9단을 거꾸로 3번 따라 읽으며 외워 보세요.

❶ 9 × 9 → 구 구 ☐

❷ 9 × 8 → 구 팔 ☐

❸ 9 × 7 → 구 칠 ☐

❹ 9 × 6 → 구 륙 ☐

❺ 9 × 5 → 구 오 ☐

❻ 9 × 4 → 구 사 ☐

❼ 9 × 3 → 구 삼 ☐

❽ 9 × 2 → 구 이 ☐

❾ 9 × 1 → 구 일은 ☐

1 빈칸에 알맞은 값을 써 보세요.

❶ $9 \times 1 =$ ☐

❷ $9 \times 2 =$ ☐

❸ $9 \times 3 =$ ☐

❹ $9 \times 4 =$ ☐

❺ $9 \times 5 =$ ☐

❻ $9 \times 6 =$ ☐

❼ $9 \times 7 =$ ☐

❽ $9 \times 8 =$ ☐

❾ $9 \times 9 =$ ☐

❿ $9 \times 6 =$ ☐

⓫ $9 \times 3 =$ ☐

⓬ $9 \times 7 =$ ☐

⓭ $9 \times 5 =$ ☐

⓮ $9 \times 8 =$ ☐

⓯ $9 \times 1 =$ ☐

⓰ $9 \times 9 =$ ☐

⓱ $9 \times 2 =$ ☐

⓲ $9 \times 4 =$ ☐

2 곱셈이 맞은 것은 **O**표하고, 틀린 것은 **X**표한 뒤 식이 맞도록 고쳐 보세요.

❶ 9 × 1 = 10 ( )

❷ 9 × 8 = 72 ( )

❸ 9 × 4 = 24 ( )

❹ 9 × 6 = 54 ( )

❺ 9 × 5 = 45 ( )

❻ 9 × 7 = 62 ( )

❼ 9 × 9 = 18 ( )

❽ 9 × 3 = 27 ( )

3 바른 곱셈식이 되도록 빈칸에 알맞은 값을 써 보세요.

❶ 9 × ☐ = 72

❷ 9 × ☐ = 45

❸ 9 × ☐ = 54

❹ 9 × ☐ = 27

❺ 9 × ☐ = 36

❻ 9 × ☐ = 45

❼ 9 × ☐ = 81

❽ 9 × ☐ = 63

좋아좋아 9단 곱하기

♣ 네모 안에 묶인 '좋아요(♥)'의 개수를 세는 곱셈식을 각각 쓰고, 바르게 계산해 보세요.

❶ ☐ × ☐ = ☐   ❷ ☐ × ☐ = ☐

❸ ☐ × ☐ = ☐   ❹ ☐ × ☐ = ☐

❺ ☐ × ☐ = ☐

 9단 응용하기

1 '9 × 4'와 계산 값이 같은 것은 무엇일까요?

① 4 × 9 　　　　　② 9의 5배 　　　　　③ 9 + 9 + 9

2 한 조각에 씨가 9개 박힌 수박이 7조각 있다면, 수박씨는 모두 몇 개일까요?

① 50개 　　　　　② 54개

③ 60개 　　　　　④ 63개

3 '9 × 6'을 덧셈으로 바르게 나타낸 것은 무엇일까요?

① 9 + 9 + 9 + 9 + 9 + 6 　　② 9 + 9 + 9 + 9 + 9 + 9 　　③ 9 + 6

4 다음 내용에서 민서가 가진 야구공 개수를 계산하는 곱셈식은 무엇일까요?

> 지윤이는 야구공을 9개 가지고 있고, 민서는 지윤이의 3배만큼의 야구공을 가지고 있습니다.

① 3 × 3 = 9 　　　　　② 9 + 3 = 12 　　　　　③ 9 × 3 = 27

5 네모(■) 하나가 '1 × 1'일 때 '9 × 2'를 바르게 나타낸 것은 무엇일까요?

①  　　　　②  　　　　③

♣ 구구단 표에서 연두색으로 색칠된 부분에 알맞은 값을 써 보세요.

×	1	2	3	4	5	6	7	8	9
2			6						
3					15				
4	4								
5				20					
6						36			
7									63
8		16							
9									

곱하는 수

곱해지는 수

티키타카 순발력 기르기

♣ QR코드를 찍어서 티키가 내는 구구단 문제의 답을 큰 소리로 외쳐 보세요.

틀린 문제 다시 익히기

답하지 못한 문제를 다시 쓰고, 기억해 보세요.

☐ × ☐ = ☐

☐ × ☐ = ☐

10단 원리

번개 퀴즈

$9 \times 5 =$ ☐

♣ 10원짜리 동전이 하나씩 늘 때마다 그것을 합한 값은 모두 얼마가 되는지 계산해 보세요.

10   10원이 하나 $10 \times$ ☐ $=$ ☐

10 10 $10 \times$ ☐ $=$ ☐

10 10 10 $10 \times$ ☐ $=$ ☐

10 10 10 10 $10 \times$ ☐ $=$ ☐

10 10 10 10 10 $10 \times$ ☐ $=$ ☐

10 10 10 10 10 10 $10 \times$ ☐ $=$ ☐

10 10 10 10 10 10 10 $10 \times$ ☐ $=$ ☐

10 10 10 10 10 10 10 10 $10 \times$ ☐ $=$ ☐

10 10 10 10 10 10 10 10 10 $10 \times$ ☐ $=$ ☐

10 10 10 10 10 10 10 10 10 10 $=$ 100   10원이 열 개 모이면 백 원!

10단 규칙

♣ 왼쪽 수에 10씩 더해 가며 오른쪽 빈칸을 채워 보세요.

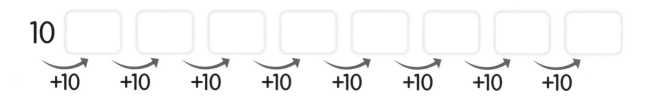

10 [ ] [ ] [ ] [ ] [ ] [ ] [ ] [ ]

+10 +10 +10 +10 +10 +10 +10 +10

♣ 빈칸을 채워 10단을 완성해 보세요.

$$10 \times 1 = 10$$

$10 \times 2 = $ [ ]　　　$10 \times 6 = $ [ ]

$10 \times 3 = $ [ ]　　　$10 \times 7 = $ [ ]

$10 \times 4 = $ [ ]　　　$10 \times 8 = $ [ ]

$10 \times 5 = $ [ ]　　　$10 \times 9 = $ [ ]

10단 문제 풀기

1 곱셈이 맞은 것은 **O**표하고, 틀린 것은 **X**표한 뒤 식이 맞도록 고쳐 보세요.

① 10 × 1 = 10 ( )

② 10 × 4 = 4 ( )

③ 10 × 6 = 90 ( )

④ 10 × 9 = 60 ( )

⑤ 10 × 8 = 80 ( )

⑥ 10 × 5 = 15 ( )

⑦ 10 × 7 = 70 ( )

⑧ 10 × 3 = 30 ( )

2 바른 곱셈식이 되도록 빈칸에 알맞은 값을 써 보세요.

① 10 × ☐ = 50

② 10 × ☐ = 80

③ 10 × ☐ = 40

④ 10 × ☐ = 90

⑤ 10 × ☐ = 30

⑥ 10 × ☐ = 70

⑦ 10 × ☐ = 20

⑧ 10 × ☐ = 60

10단 응용하기

1 '10 × 5'와 계산 값이 같은 것은 무엇일까요?

① 10 + 5 　　　　② 5 × 5 　　　　③ 10 + 10 + 10 + 10 + 10

2 '10 + 10 + 10 + 10 + 10 + 10 + 10'은 10의 몇 배와 값이 같을까요?

① 6배 　　　　② 7배 　　　　③ 8배

3 다리가 10개인 오징어가 9마리 있으면, 오징어의 다리 수는 모두 몇 개일까요?

① 19개 　　　　② 90개
③ 91개 　　　　④ 100개

4 '10의 3배'는 값이 얼마일까요?

① 3 　　　　② 10 　　　　③ 30

5 10명씩 가득 태운 버스가 4대 있다면, 버스에 탄 사람은 모두 몇 명일까요?

① 40명 　　　　② 140명 　　　　③ 400명

1단 **원리**

♣ 막대 과자가 하나씩 늘어날 때마다 과자의 개수는 모두 몇 개가 되는지 세어 보세요.

1 × ☐ = ☐

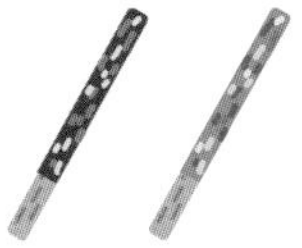

1 × ☐ = ☐

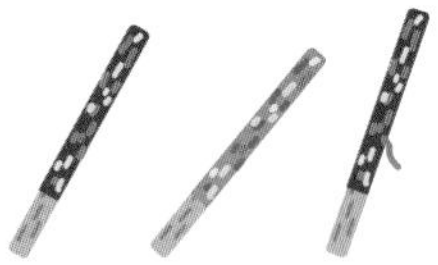

1 × ☐ = ☐

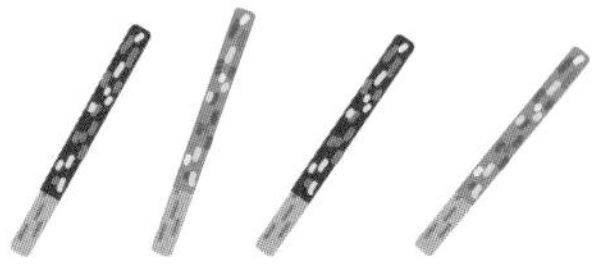

1 × ☐ = ☐

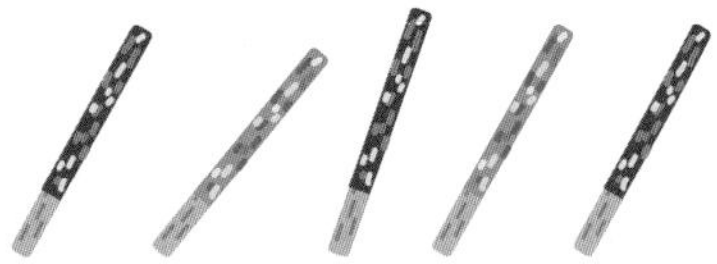

1 × ☐ = ☐

1 × ☐ = ☐

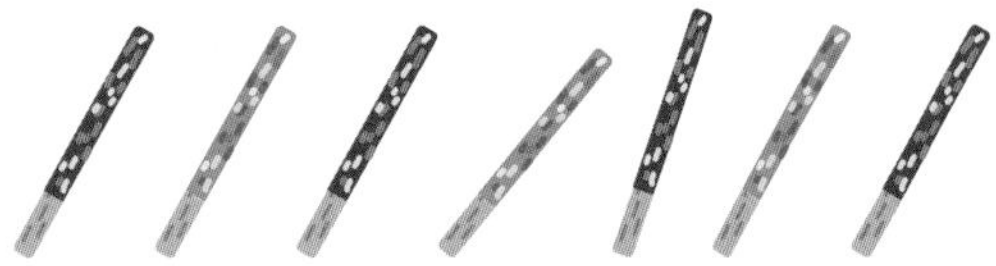

1 × ☐ = ☐

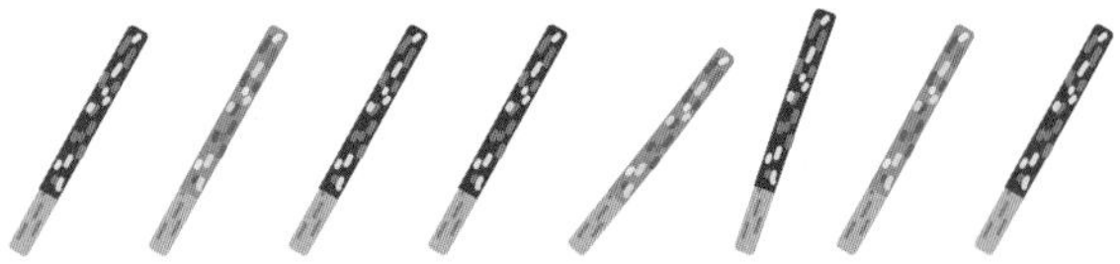

1 × ☐ = ☐

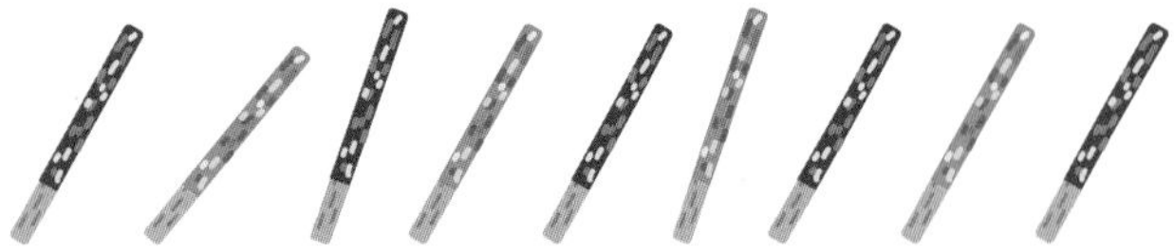

1 × ☐ = ☐

1단 규칙

번개 퀴즈
$10 \times 3 = $ ☐

♣ 왼쪽 수에 1씩 더해 가며 오른쪽 빈칸을 채워 보세요.

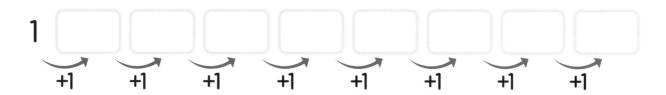

1 ☐ ☐ ☐ ☐ ☐ ☐ ☐ ☐
+1 +1 +1 +1 +1 +1 +1 +1

♣ 빈칸을 채워 1단을 완성해 보세요.

$$1 \times 1 = 1$$

$1 \times 2 = $ ☐　　　　$1 \times 6 = $ ☐

$1 \times 3 = $ ☐　　　　$1 \times 7 = $ ☐

$1 \times 4 = $ ☐　　　　$1 \times 8 = $ ☐

$1 \times 5 = $ ☐　　　　$1 \times 9 = $ ☐

1 두 수를 곱한 값을 빈칸에 쓰고, 그 값이 같은 것끼리 선으로 연결해 보세요.

❶ $1 \times 6 =$ ☐

❷ $1 \times 2 =$ ☐

❸ $1 \times 8 =$ ☐

❹ $1 \times 5 =$ ☐

❺ $1 \times 7 =$ ☐

❻ $1 \times 3 =$ ☐

❼ $1 \times 1 =$ ☐

❽ $1 \times 9 =$ ☐

❾ $1 \times 4 =$ ☐

㉠ $3 \times 1 =$ ☐

㉡ $8 \times 1 =$ ☐

㉢ $9 \times 1 =$ ☐

㉣ $5 \times 1 =$ ☐

㉤ $1 \times 1 =$ ☐

㉥ $2 \times 1 =$ ☐

㉦ $6 \times 1 =$ ☐

㉧ $7 \times 1 =$ ☐

㉨ $4 \times 1 =$ ☐

2 곱셈이 맞은 것은 O표하고, 틀린 것은 X표한 뒤 식이 맞도록 고쳐 보세요.

① 1 × 3 = 9　　(　)　　⑤ 1 × 4 = 5　　(　)

② 1 × 6 = 6　　(　)　　⑥ 1 × 9 = 9　　(　)

③ 1 × 7 = 7　　(　)　　⑦ 1 × 2 = 2　　(　)

④ 1 × 5 = 15　　(　)　　⑧ 1 × 8 = 19　　(　)

3 바른 곱셈식이 되도록 빈칸에 알맞은 값을 써 보세요.

① 1 × ☐ = 6　　⑤ 1 × ☐ = 1

② 1 × ☐ = 7　　⑥ 1 × ☐ = 4

③ 1 × ☐ = 2　　⑦ 1 × ☐ = 9

④ 1 × ☐ = 3　　⑧ 1 × ☐ = 5

번개 퀴즈

1× 9 = ☐

♣ 달걀 껍데기가 하나씩 늘어날 때마다 달걀 알맹이의 수는 모두 몇 개가 되는지 세어 보세요.

 0 × ☐ = ☐

 0 × ☐ = ☐

 0 × ☐ = ☐

 0 × ☐ = ☐

 0 × ☐ = ☐

 0 × ☐ = ☐

 0 × ☐ = ☐

 0 × ☐ = ☐

 0 × ☐ = ☐

0단 규칙

♣ 왼쪽 수에 0씩 더해 가며 오른쪽 빈칸을 채워 보세요.

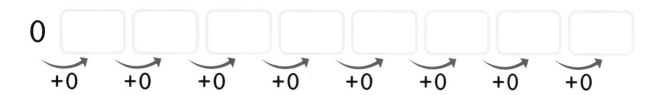

0 [ ] [ ] [ ] [ ] [ ] [ ] [ ] [ ]
  +0 +0 +0 +0 +0 +0 +0 +0

♣ 빈칸을 채워 0단을 완성해 보세요.

$$0 \times 1 = 0$$

$$0 \times 2 = \boxed{} \qquad 0 \times 6 = \boxed{}$$

$$0 \times 3 = \boxed{} \qquad 0 \times 7 = \boxed{}$$

$$0 \times 4 = \boxed{} \qquad 0 \times 8 = \boxed{}$$

$$0 \times 5 = \boxed{} \qquad 0 \times 9 = \boxed{}$$

사각사각 구구단 색칠하기

♣ 네모(□) 하나가 '1 × 1'일 때, 여러 가지 방법으로 칸을 색칠하여 각 수를 만들어 보세요.

예시

9 만들기

① 1 × 9

② 3 × 3 • • • • •

③ 9 × 1

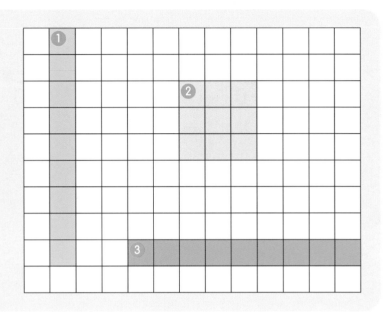

12 만들기 ❶ 2 × 6   ❷ 3 × 4   ❸ 4 × 3   ❹ 6 × 2

24 만들기 ❺ 3 × 8   ❻ 4 × 6   ❼ 6 × 4   ❽ 8 × 3

8 만들기 ❾ 1 × 8   ❿ 2 × 4   ⑪ 4 × 2   ⑫ 8 × 1

18 만들기 ⑬ 2 × 9   ⑭ 3 × 6   ⑮ 6 × 3   ⑯ 9 × 2

42 만들기 ⑰ 6 × 7   ⑱ 7 × 6

10 만들기 ⑲ 1 × 10   ⑳ 2 × 5   ㉑ 5 × 2   ㉒ 10 × 1

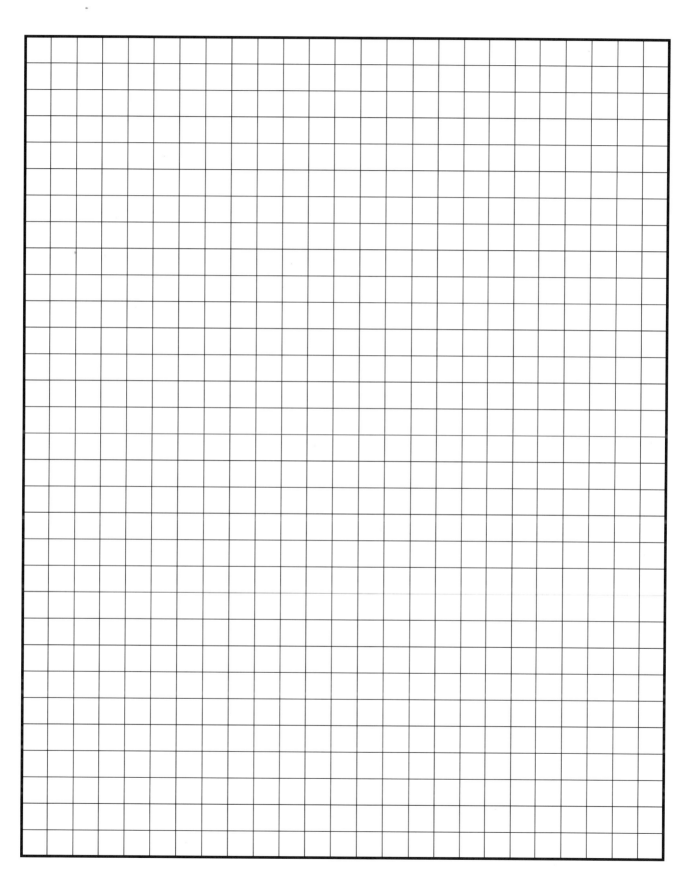

한 걸음
앞서기

월 ⬤ 일 ⬤

두근두근 랜덤 구구단 1

1 빈칸에 알맞은 값을 써 보세요.

❶ $3 \times 5 =$ ☐

❷ $7 \times 3 =$ ☐

❸ $2 \times 9 =$ ☐

❹ $6 \times 6 =$ ☐

❺ $4 \times 2 =$ ☐

❻ $5 \times 1 =$ ☐

❼ $9 \times 6 =$ ☐

❽ $8 \times 8 =$ ☐

❾ $10 \times 9 =$ ☐

❿ $6 \times 2 =$ ☐

⑪ $4 \times 4 =$ ☐

⑫ $8 \times 7 =$ ☐

⑬ $3 \times 8 =$ ☐

⑭ $5 \times 9 =$ ☐

⑮ $7 \times 4 =$ ☐

⑯ $1 \times 9 =$ ☐

⑰ $9 \times 9 =$ ☐

⑱ $2 \times 6 =$ ☐

2 빈칸에 알맞은 값을 써 보세요.

① 2 × 7 = ☐

② 5 × 5 = ☐

③ 8 × 4 = ☐

④ 4 × 6 = ☐

⑤ 1 × 1 = ☐

⑥ 7 × 8 = ☐

⑦ 9 × 5 = ☐

⑧ 3 × 9 = ☐

⑨ 6 × 7 = ☐

⑩ 4 × 8 = ☐

⑪ 9 × 7 = ☐

⑫ 5 × 7 = ☐

⑬ 2 × 8 = ☐

⑭ 3 × 6 = ☐

⑮ 6 × 9 = ☐

⑯ 8 × 6 = ☐

⑰ 10 × 3 = ☐

⑱ 7 × 6 = ☐

두근두근 랜덤 구구단 2

1 바른 곱셈식이 되도록 빈칸에 알맞은 값을 써 보세요.

❶ 8 × ☐ = 72

❷ ☐ × 7 = 21

❸ 2 × ☐ = 8

❹ ☐ × 8 = 48

❺ 7 × ☐ = 49

❻ ☐ × 6 = 30

❼ 9 × ☐ = 36

❽ ☐ × 5 = 20

❾ 1 × ☐ = 3

❿ 3 × ☐ = 9

⓫ ☐ × 5 = 10

⓬ 7 × ☐ = 35

⓭ ☐ × 8 = 40

⓮ 9 × ☐ = 72

⓯ ☐ × 7 = 70

⓰ 6 × ☐ = 24

⓱ ☐ × 3 = 24

⓲ 9 × ☐ = 18

한 걸음 더!

2 곱셈이 맞은 것은 **O**표하고, 틀린 것은 **X**표한 뒤 식이 맞도록 고쳐 보세요.

❶ 2 × 3 = 5 (　　)

❷ 7 × 9 = 62 (　　)

❸ 4 × 3 = 16 (　　)

❹ 9 × 2 = 18 (　　)

❺ 6 × 5 = 40 (　　)

❻ 3 × 4 = 12 (　　)

❼ 1 × 7 = 8 (　　)

❽ 8 × 2 = 16 (　　)

❾ 5 × 4 = 24 (　　)

❿ 5 × 2 = 12 (　　)

⓫ 6 × 3 = 18 (　　)

⓬ 10 × 4 = 40 (　　)

⓭ 8 × 5 = 48 (　　)

⓮ 7 × 2 = 14 (　　)

⓯ 3 × 2 = 6 (　　)

⓰ 9 × 3 = 72 (　　)

⓱ 4 × 9 = 36 (　　)

⓲ 2 × 2 = 2 (　　)

쿵작쿵작 구구단 짝꿍 찾기 1

1 두 수를 곱한 값을 빈칸에 쓰고, 그 값이 같은 것끼리 선으로 연결해 보세요.

❶ 4 × 7 = [　　] ·　　　· ㉠ 5 × 6 = [　　]

❷ 8 × 2 = [　　] ·　　　· ㉡ 6 × 2 = [　　]

❸ 6 × 5 = [　　] ·　　　· ㉢ 8 × 7 = [　　]

❹ 9 × 3 = [　　] ·　　　· ㉣ 2 × 8 = [　　]

❺ 2 × 6 = [　　] ·　　　· ㉤ 4 × 5 = [　　]

❻ 7 × 8 = [　　] ·　　　· ㉥ 9 × 1 = [　　]

❼ 5 × 4 = [　　] ·　　　· ㉦ 5 × 8 = [　　]

❽ 3 × 3 = [　　] ·　　　· ㉧ 7 × 4 = [　　]

❾ 10 × 4 = [　　] ·　　　· ㉨ 3 × 9 = [　　]

2 두 수를 곱한 값을 빈칸에 쓰고, 그 값이 같은 것끼리 선으로 연결해 보세요.

❶ 6 × 4 = ☐ ·   · ㉠ 8 × 4 = ☐

❷ 1 × 2 = ☐ ·   · ㉡ 4 × 6 = ☐

❸ 7 × 6 = ☐ ·   · ㉢ 7 × 5 = ☐

❹ 9 × 5 = ☐ ·   · ㉣ 4 × 2 = ☐

❺ 4 × 8 = ☐ ·   · ㉤ 2 × 1 = ☐

❻ 5 × 7 = ☐ ·   · ㉥ 5 × 3 = ☐

❼ 2 × 9 = ☐ ·   · ㉦ 9 × 2 = ☐

❽ 8 × 1 = ☐ ·   · ㉧ 6 × 7 = ☐

❾ 3 × 5 = ☐ ·   · ㉨ 5 × 9 = ☐

쿵작쿵작 구구단 짝꿍 찾기 2

1 두 수를 곱한 값을 빈칸에 쓰고, 그 값이 같은 것끼리 선으로 연결해 보세요.

❶ 5 × 9 = ☐ ·

❷ 7 × 3 = ☐ ·

❸ 9 × 6 = ☐ ·

❹ 3 × 4 = ☐ ·

❺ 8 × 6 = ☐ ·

❻ 2 × 3 = ☐ ·

❼ 6 × 7 = ☐ ·

❽ 10 × 2 = ☐ ·

❾ 4 × 1 = ☐ ·

㉠ 6 × 9 = ☐ ·

㉡ 6 × 8 = ☐ ·

㉢ 9 × 5 = ☐ ·

㉣ 1 × 6 = ☐ ·

㉤ 3 × 7 = ☐ ·

㉥ 2 × 2 = ☐ ·

㉦ 6 × 2 = ☐ ·

㉧ 4 × 5 = ☐ ·

㉨ 7 × 6 = ☐ ·

2 두 수를 곱한 값을 빈칸에 쓰고, 그 값이 같은 것끼리 선으로 연결해 보세요.

① 4 × 9 = ☐

② 3 × 8 = ☐

③ 6 × 3 = ☐

④ 8 × 7 = ☐

⑤ 10 × 3 = ☐

⑥ 5 × 2 = ☐

⑦ 2 × 7 = ☐

⑧ 9 × 8 = ☐

⑨ 7 × 3 = ☐

㉠ 6 × 6 = ☐

㉡ 10 × 1 = ☐

㉢ 7 × 2 = ☐

㉣ 4 × 6 = ☐

㉤ 8 × 9 = ☐

㉥ 7 × 8 = ☐

㉦ 3 × 7 = ☐

㉧ 2 × 9 = ☐

㉨ 5 × 6 = ☐

교과서 속 구구단 활용 문제

1 삼각형의 꼭짓점은 3개입니다. 삼각형이 7개 있을 때,
꼭짓점의 수는 모두 몇 개일까요?

$3 \times \boxed{} = \boxed{}$

2 시계에서 분을 계산할 때는 분침이 가리키는 숫자에 곱하기 5를 하면 됩니다.
아래 시계에서 파란색 분침은 각각 몇 분을 가리킬까요?

A

$\boxed{}$ 분

B

$\boxed{}$ 분

C

$\boxed{}$ 분

3 한 그루에 사과가 6개씩 달린 나무가 8그루 있습니다.
나무에 달린 사과는 모두 몇 개일까요?

$6 \times \boxed{} = \boxed{}$

4 우리나라 현악기의 하나인 아쟁은 줄이 7개입니다.
4대의 아쟁에 있는 줄은 모두 몇 줄일까요?

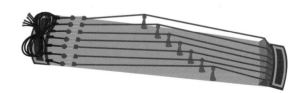

$7 \times \boxed{} = \boxed{}$

5 누나가 한 상자에 8개씩 들어 있는 빵을 7상자 사 왔습니다.
누나가 사 온 빵은 모두 몇 개일까요?

$8 \times \boxed{} = \boxed{}$

6 한 봉지에 사탕이 4개씩 들어 있는 봉지가 4봉지 있고, 한 봉지에 쿠키가 2개씩 들어 있는 봉지가
9봉지 있습니다. 봉지에 들어 있는 사탕과 쿠키의 개수를 모두 합하면 몇 개일까요?

$4 \times \boxed{} = \boxed{} \qquad 2 \times \boxed{} = \boxed{}$

$\rightarrow \boxed{} + \boxed{} = \boxed{}$

7 한 팀에 9명으로 이루어진 야구팀 3팀과 한 팀에 5명으로 이루어진 농구팀 8팀이 운동장에 모여
있습니다. 운동장에 있는 선수는 모두 몇 명일까요?

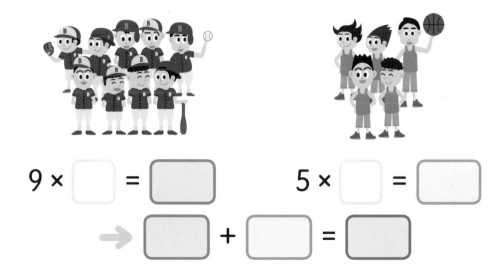

$9 \times \boxed{} = \boxed{} \qquad 5 \times \boxed{} = \boxed{}$

$\rightarrow \boxed{} + \boxed{} = \boxed{}$

나만의 구구단 표

♣ 큰 숫자에 1∼9까지 순서대로 곱한 값을 스티커에서 찾아 붙여 '나만의 구구단 표'를 만들어 보세요.

예시

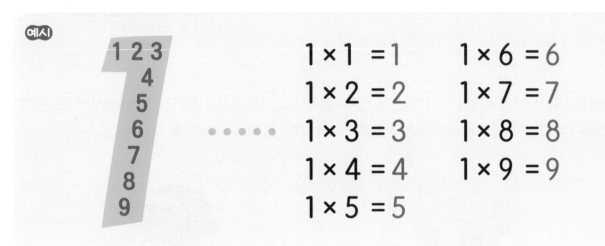

1 2 3 4 5 6 7 8 9

$1 \times 1 = 1$ $1 \times 6 = 6$

$1 \times 2 = 2$ $1 \times 7 = 7$

$1 \times 3 = 3$ $1 \times 8 = 8$

$1 \times 4 = 4$ $1 \times 9 = 9$

$1 \times 5 = 5$

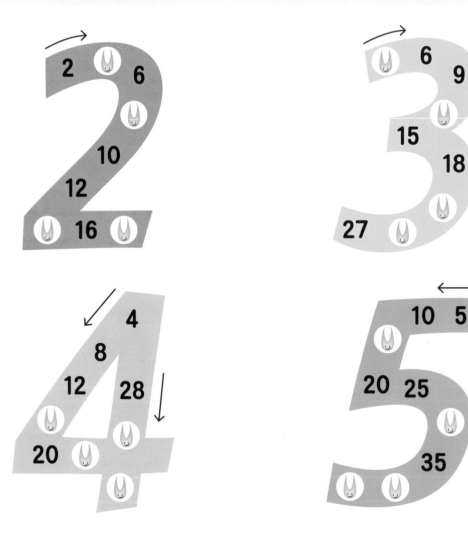

2 6 10 12 16

6 9 15 18 27

4 8 12 28 20

10 5 20 25 35

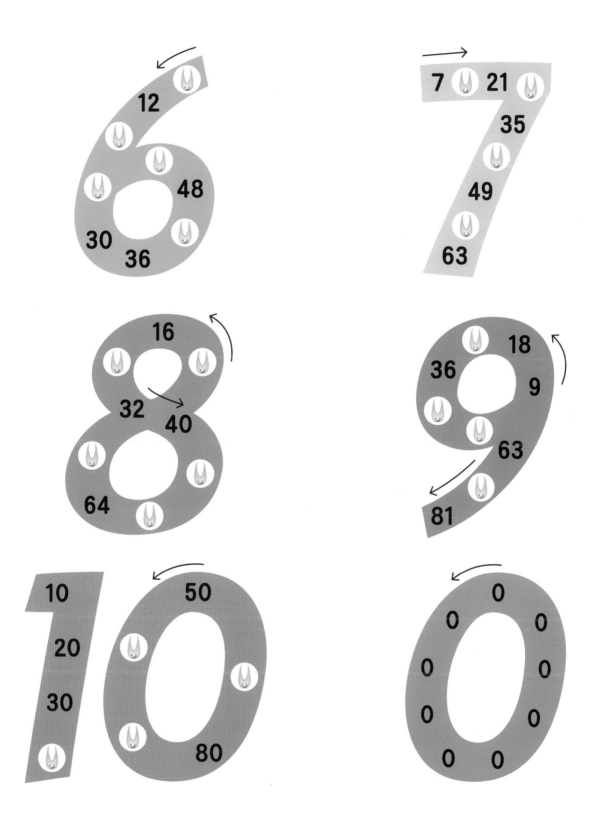

정답

잘 풀었는지
확인해 볼까요?

정답

1일째

10쪽

2단 원리

2개짜리 구슬 묶음이 하나씩 늘어날 때마다 구슬은 모두 몇 개가 되는지 세어 보세요.

2개 묶음이 하나	2 × 1	= 2
2개 묶음이 둘	2 × 2	= 4
	2 × 3	= 6
	2 × 4	= 8
	2 × 5	= 10
	2 × 6	= 12
	2 × 7	= 14
	2 × 8	= 16
	2 × 9	= 18

11쪽

2의 배수

두 번 더해지면 '2배', 세 번 더해지면 '3배'

티키네 신발장의 각 칸에는 2의 몇 배만큼의 신발이 들어 있는지 써 보세요.

2의 **3** 배
2 × **3** = **6**

2의 **5** 배
2 × **5** = **10**

2의 **4** 배
2 × **4** = **8**

2의 **9** 배
2 × **9** = **18**

12쪽

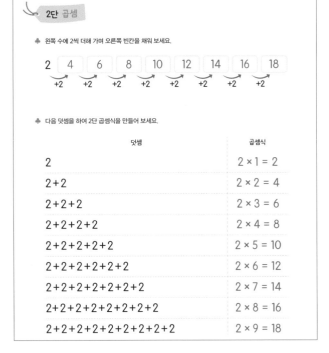

2단 곱셈

왼쪽 수에 2씩 더해 가며 오른쪽 빈칸을 채워 보세요.

2 → 4 → 6 → 8 → 10 → 12 → 14 → 16 → 18
+2 +2 +2 +2 +2 +2 +2 +2

다음 덧셈을 하여 2단 곱셈식을 만들어 보세요.

덧셈	곱셈식
2	2 × 1 = 2
2+2	2 × 2 = 4
2+2+2	2 × 3 = 6
2+2+2+2	2 × 4 = 8
2+2+2+2+2	2 × 5 = 10
2+2+2+2+2+2	2 × 6 = 12
2+2+2+2+2+2+2	2 × 7 = 14
2+2+2+2+2+2+2+2	2 × 8 = 16
2+2+2+2+2+2+2+2+2	2 × 9 = 18

13쪽

① 2　　② 4　　③ 6　　④ 8　　⑤ 10
⑥ 12　　⑦ 14　　⑧ 16　　⑨ 18

2일째

14쪽

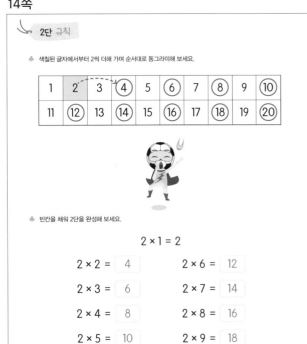

2단 규칙

색칠된 글자에서부터 2씩 더해 가며 순서대로 동그라미해 보세요.

| 1 | 2 | 3 | ④ | 5 | ⑥ | 7 | ⑧ | 9 | ⑩ |
| 11 | ⑫ | 13 | ⑭ | 15 | ⑯ | 17 | ⑱ | 19 | ⑳ |

빈칸을 채워 2단을 완성해 보세요.

2 × 1 = 2

2 × 2 = **4**　　　2 × 6 = **12**

2 × 3 = **6**　　　2 × 7 = **14**

2 × 4 = **8**　　　2 × 8 = **16**

2 × 5 = **10**　　　2 × 9 = **18**

15쪽

❶ 18 ❷ 16 ❸ 14 ❹ 12 ❺ 10
❻ 8 ❼ 6 ❽ 4 ❾ 2

16쪽

1

❶ 2 ❷ 4 ❸ 6 ❹ 8 ❺ 10
❻ 12 ❼ 14 ❽ 16 ❾ 18 ❿ 16
⓫ 12 ⓬ 6 ⓭ 18 ⓮ 14 ⓯ 10
⓰ 4 ⓱ 2 ⓲ 8

17쪽

2

❶ X, 14 ❷ O ❸ O ❹ X, 6 ❺ X, 8
❻ O ❼ X, 16 ❽ O

3

❶ 6 ❷ 5 ❸ 1 ❹ 4 ❺ 3
❻ 7 ❼ 9 ❽ 8

3일째

18쪽

19쪽

1 ② 2 ① 3 ② 4 ③ 5 ②

20쪽

4일째

24쪽

3단 원리

♣ 3개짜리 바나나 묶음이 하나씩 늘어날 때마다 바나나는 모두 몇 개가 되는지 세어 보세요.

3개 묶음이 하나	3 × 1 = 3
3개 묶음이 둘	3 × 2 = 6
	3 × 3 = 9
	3 × 4 = 12
	3 × 5 = 15
	3 × 6 = 18
	3 × 7 = 21
	3 × 8 = 24
	3 × 9 = 27

정답

25쪽

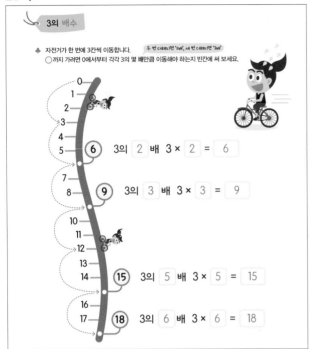

3의 배수

자전거가 한 번에 3칸씩 이동합니다. 두 번 더하면 '2배', 세 번 더하면 '3배'
○까지 가려면 0에서부터 각각 3의 몇 배만큼 이동해야 하는지 빈칸에 써 보세요.

3의 [2] 배 3 × [2] = [6]

3의 [3] 배 3 × [3] = [9]

3의 [5] 배 3 × [5] = [15]

3의 [6] 배 3 × [6] = [18]

26쪽

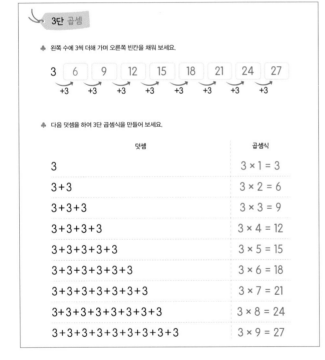

3단 곱셈

왼쪽 수에 3씩 더해 가며 오른쪽 빈칸을 채워 보세요.

3 [6] [9] [12] [15] [18] [21] [24] [27]
+3 +3 +3 +3 +3 +3 +3 +3

다음 덧셈을 하여 3단 곱셈식을 만들어 보세요.

덧셈	곱셈식
3	3 × 1 = 3
3+3	3 × 2 = 6
3+3+3	3 × 3 = 9
3+3+3+3	3 × 4 = 12
3+3+3+3+3	3 × 5 = 15
3+3+3+3+3+3	3 × 6 = 18
3+3+3+3+3+3+3	3 × 7 = 21
3+3+3+3+3+3+3+3	3 × 8 = 24
3+3+3+3+3+3+3+3+3	3 × 9 = 27

27쪽

① 3　　②6　　③9　　④12　　⑤15
⑥18　　⑦21　　⑧24　　⑨27

5일째

28쪽

3단 규칙

색칠된 글자에서부터 3씩 더해 가며 순서대로 동그라미해 보세요.

1	2	3	4	5	6	7	8	9	10
11	12	13	14	15	16	17	18	19	20
21	22	23	24	25	26	27	28	29	30

빈칸을 채워 3단을 완성해 보세요.

$$3 \times 1 = 3$$

$3 \times 2 = $ [6]　　　$3 \times 6 = $ [18]

$3 \times 3 = $ [9]　　　$3 \times 7 = $ [21]

$3 \times 4 = $ [12]　　　$3 \times 8 = $ [24]

$3 \times 5 = $ [15]　　　$3 \times 9 = $ [27]

29쪽

①27　　②24　　③21　　④18　　⑤15
⑥12　　⑦9　　⑧6　　⑨3

30쪽

1
①3　　②6　　③9　　④12　　⑤15
⑥18　　⑦21　　⑧24　　⑨27　　⑩6
⑪21　　⑫12　　⑬15　　⑭24　　⑮3
⑯27　　⑰18　　⑱9

31쪽

2
①X, 6　　②O　　③X, 27　　④O　　⑤X, 15
⑥X, 3　　⑦O　　⑧O

3
①5　　②8　　③3　　④9　　⑤7
⑥2　　⑦6　　⑧4

6일째

32쪽

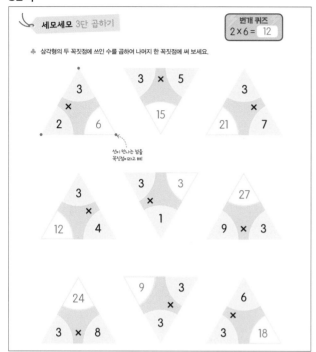

세모세모 **3단** 곱하기

번개 퀴즈
$2 \times 6 =$ 12

♣ 삼각형의 두 꼭짓점에 쓰인 수를 곱하여 나머지 한 꼭짓점에 써 보세요.

33쪽
1 ②　　　2 ③　　　3 ③　　　4 ①　　　5 ②

34쪽

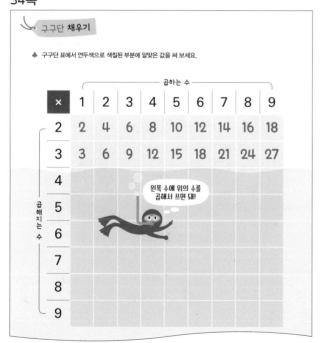

구구단 **채우기**

♣ 구구단 표에서 연두색으로 색칠된 부분에 알맞은 값을 써 보세요.

×	1	2	3	4	5	6	7	8	9
2	2	4	6	8	10	12	14	16	18
3	3	6	9	12	15	18	21	24	27
4									
5									
6									
7									
8									
9									

왼쪽 수에 위의 수를 곱해서 쓰면 돼!

7일째

38쪽

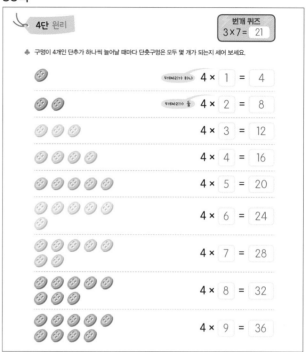

4단 원리

번개 퀴즈
$3 \times 7 =$ 21

♣ 구멍이 4개인 단추가 하나씩 늘어날 때마다 단추구멍은 모두 몇 개가 되는지 세어 보세요.

단추짝리가 하나　$4 \times$ 1 $=$ 4

단추짝리가 둘　$4 \times$ 2 $=$ 8

$4 \times$ 3 $=$ 12

$4 \times$ 4 $=$ 16

$4 \times$ 5 $=$ 20

$4 \times$ 6 $=$ 24

$4 \times$ 7 $=$ 28

$4 \times$ 8 $=$ 32

$4 \times$ 9 $=$ 36

39쪽

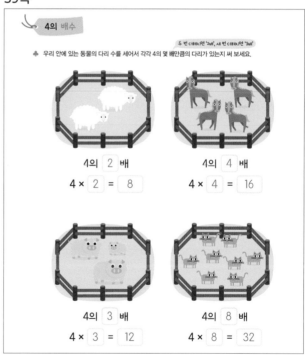

4의 배수

두 번 더해지면 '2배', 세 번 더해지면 '3배'

♣ 우리 안에 있는 동물의 다리 수를 세어서 각각 4의 몇 배만큼의 다리가 있는지 써 보세요.

4의 2 배
$4 \times$ 2 $=$ 8

4의 4 배
$4 \times$ 4 $=$ 16

4의 3 배
$4 \times$ 3 $=$ 12

4의 8 배
$4 \times$ 8 $=$ 32

40쪽

4단 곱셈

◆ 왼쪽 수에 4씩 더해 가며 오른쪽 빈칸을 채워 보세요.

4	8	12	16	20	24	28	32	36

+4 +4 +4 +4 +4 +4 +4 +4

◆ 다음 덧셈을 하여 4단 곱셈식을 만들어 보세요.

덧셈	곱셈식
4	4 × 1 = 4
4 + 4	4 × 2 = 8
4 + 4 + 4	4 × 3 = 12
4 + 4 + 4 + 4	4 × 4 = 16
4 + 4 + 4 + 4 + 4	4 × 5 = 20
4 + 4 + 4 + 4 + 4 + 4	4 × 6 = 24
4 + 4 + 4 + 4 + 4 + 4 + 4	4 × 7 = 28
4 + 4 + 4 + 4 + 4 + 4 + 4 + 4	4 × 8 = 32
4 + 4 + 4 + 4 + 4 + 4 + 4 + 4 + 4	4 × 9 = 36

41쪽

❶ 4 ❷ 8 ❸ 12 ❹ 16 ❺ 20
❻ 24 ❼ 28 ❽ 32 ❾ 36

8일째

42쪽

4단 규칙

◆ 색칠된 글자에서부터 4씩 더해 가며 순서대로 동그라미해 보세요.

1	2	3	4	5	6	7	8	9	10
11	12	13	14	15	16	17	18	19	20
21	22	23	24	25	26	27	28	29	30
31	32	33	34	35	36	37	38	39	40

◆ 빈칸을 채워 4단을 완성해 보세요.

4 × 1 = 4

4 × 2 = 8	4 × 6 = 24
4 × 3 = 12	4 × 7 = 28
4 × 4 = 16	4 × 8 = 32
4 × 5 = 20	4 × 9 = 36

43쪽

❶ 36 ❷ 32 ❸ 28 ❹ 24 ❺ 20
❻ 16 ❼ 12 ❽ 8 ❾ 4

44쪽

1
❶ 4 ❷ 8 ❸ 12 ❹ 16 ❺ 20
❻ 24 ❼ 28 ❽ 32 ❾ 36 ❿ 32
⓫ 12 ⓬ 8 ⓭ 28 ⓮ 24 ⓯ 20
⓰ 36 ⓱ 16 ⓲ 4

45쪽

2
❶ O ❷ O ❸ O ❹ X, 12 ❺ X, 8
❻ O ❼ X, 24 ❽ X, 28

3
❶ 4 ❷ 9 ❸ 8 ❹ 6 ❺ 5
❻ 2 ❼ 7 ❽ 3

9일째

46쪽

꼬불꼬불 4단 곱하기

◆ 출발점에서 시작하여 곱셈의 값이 바른 쪽을 따라가며 미로를 빠져나가 보세요.

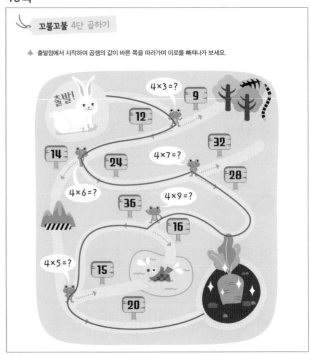

47쪽

1 ② 2 ① 3 ② 4 ③ 5 ①

48쪽

구구단 **채우기**

♣ 구구단 표에서 연두색으로 색칠된 부분에 알맞은 값을 써 보세요.

곱하는 수

×	1	2	3	4	5	6	7	8	9
2	2	4	6	8	10	12	14	16	18
3	3	6	9	12	15	18	21	24	27
4	4	8	12	16	20	24	28	32	36
5									
6									
7									
8									
9									

곱해지는 수

왼쪽 수에 위의 수를 곱해서 쓰면 돼!

10일째

52쪽

5단 **원리**

♣ 손가락이 5개인 손이 하나씩 늘어날 때마다 손가락은 모두 몇 개가 되는지 세어 보세요.

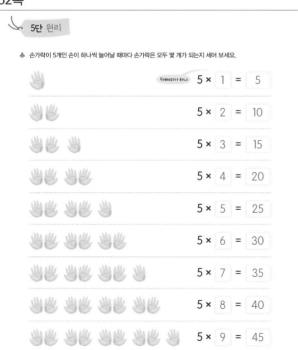

5개라니가 하나	5 × 1 =	5
	5 × 2 =	10
	5 × 3 =	15
	5 × 4 =	20
	5 × 5 =	25
	5 × 6 =	30
	5 × 7 =	35
	5 × 8 =	40
	5 × 9 =	45

53쪽

5의 **배수**

두 번 더하면 '2배', 세 번 더하면 '3배'

♣ 노란색으로 색칠된 부분의 수는 각각 5의 몇 배인지 써 보세요.

1	2	3	4	5	5의 1 배	5 × 1 = 5
6	7	8	9	10	5의 2 배	5 × 2 = 10
11	12	13	14	15	5의 3 배	5 × 3 = 15
16	17	18	19	20	5의 4 배	5 × 4 = 20
21	22	23	24	25	5의 5 배	5 × 5 = 25
26	27	28	29	30	5의 6 배	5 × 6 = 30
31	32	33	34	35	5의 7 배	5 × 7 = 35
36	37	38	39	40	5의 8 배	5 × 8 = 40
41	42	43	44	45	5의 9 배	5 × 9 = 45

54쪽

5단 **곱셈**

번개 퀴즈
4×8 = 32

♣ 왼쪽 수에 5씩 더해 가며 오른쪽 빈칸을 채워 보세요.

5 → 10 → 15 → 20 → 25 → 30 → 35 → 40 → 45
+5 +5   +5   +5   +5   +5   +5   +5

♣ 다음 덧셈을 하여 5단 곱셈식을 만들어 보세요.

덧셈	곱셈식
5	5 × 1 = 5
5+5	5 × 2 = 10
5+5+5	5 × 3 = 15
5+5+5+5	5 × 4 = 20
5+5+5+5+5	5 × 5 = 25
5+5+5+5+5+5	5 × 6 = 30
5+5+5+5+5+5+5	5 × 7 = 35
5+5+5+5+5+5+5+5	5 × 8 = 40
5+5+5+5+5+5+5+5+5	5 × 9 = 45

55쪽

❶ 5   ❷ 10   ❸ 15   ❹ 20   ❺ 25
❻ 30   ❼ 35   ❽ 40   ❾ 45

정답

11일째

56쪽

5단 규칙

색칠된 글자에서부터 5씩 더해 가며 순서대로 동그라미해 보세요.

1	2	3	4	5	6	7	8	9	10
11	12	13	14	(15)	16	17	18	19	(20)
21	22	23	24	(25)	26	27	28	29	(30)
31	32	33	34	(35)	36	37	38	39	(40)
41	42	43	44	(45)	46	47	48	49	(50)

빈칸을 채워 5단을 완성해 보세요.

$5 × 1 = 5$

$5 × 2 = \boxed{10}$ $5 × 6 = \boxed{30}$

$5 × 3 = \boxed{15}$ $5 × 7 = \boxed{35}$

$5 × 4 = \boxed{20}$ $5 × 8 = \boxed{40}$

$5 × 5 = \boxed{25}$ $5 × 9 = \boxed{45}$

57쪽

❶ 45   ❷ 40   ❸ 35   ❹ 30   ❺ 25
❻ 20   ❼ 15   ❽ 10   ❾ 5

58쪽

1
❶ 5   ❷ 10   ❸ 15   ❹ 20   ❺ 25
❻ 30   ❼ 35   ❽ 40   ❾ 45   ❿ 25
⓫ 30   ⓬ 40   ⓭ 5   ⓮ 45   ⓯ 15
⓰ 35   ⓱ 10   ⓲ 20

59쪽

2
❶ X, 5   ❷ X, 35   ❸ X, 15   ❹ O   ❺ O
❻ X, 45   ❼ O   ❽ X, 10

3
❶ 2   ❷ 9   ❸ 6   ❹ 4   ❺ 5
❻ 7   ❼ 8   ❽ 3

12일째

60쪽

째깍째깍 5단 곱하기

가운데 쓰인 수와 점선 방향의 수를 곱하면 각각 몇 분(시간 단위)이 되는지 빈칸에 써 보세요.

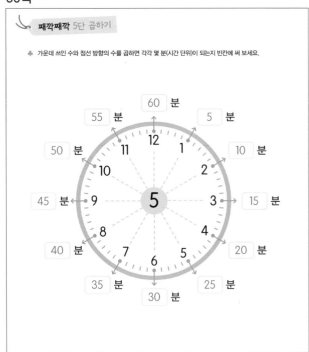

61쪽

1 ④   2 ③   3 ③   4 ③   5 ①

62쪽

구구단 채우기

구구단 표에서 연두색으로 색칠된 부분에 알맞은 값을 써 보세요.

13일째

66쪽

6단 원리

볼록한 모양이 6개인 블록이 하나씩 늘어날 때마다 볼록한 모양은 모두 몇 개가 되는지 세어 보세요.

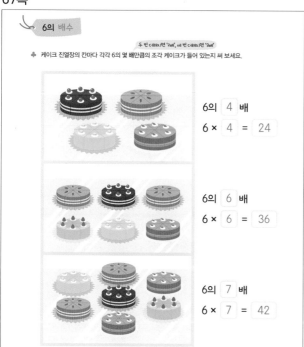

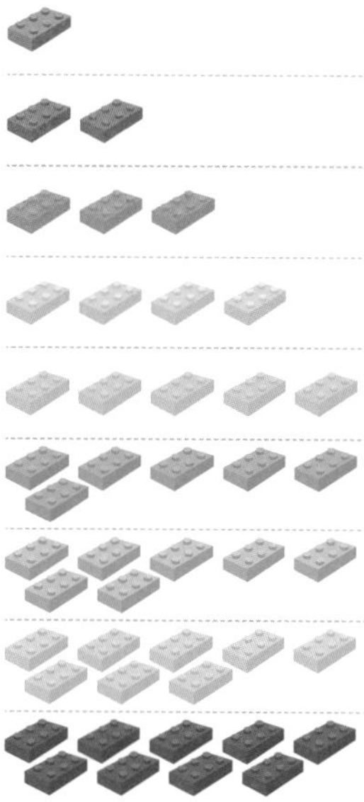

6개짜리가 하나

$6 \times 1 = 6$

$6 \times 2 = 12$

$6 \times 3 = 18$

$6 \times 4 = 24$

$6 \times 5 = 30$

$6 \times 6 = 36$

$6 \times 7 = 42$

$6 \times 8 = 48$

$6 \times 9 = 54$

67쪽

6의 배수

두 번 더하지면 '2배', 세 번 더하지면 '3배'

케이크 진열장의 칸마다 각각 6의 몇 배만큼의 조각 케이크가 들어 있는지 써 보세요.

6의 4 배
$6 \times 4 = 24$

6의 6 배
$6 \times 6 = 36$

6의 7 배
$6 \times 7 = 42$

68쪽

6단 곱셈

왼쪽 수에 6씩 더해 가며 오른쪽 빈칸을 채워 보세요.

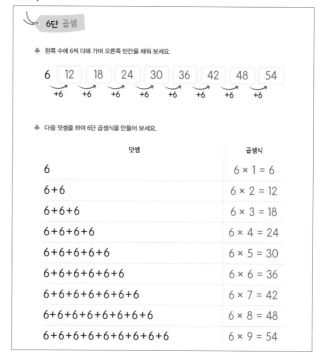

6 → 12 → 18 → 24 → 30 → 36 → 42 → 48 → 54
+6 +6 +6 +6 +6 +6 +6 +6

다음 덧셈을 하여 6단 곱셈식을 만들어 보세요.

덧셈	곱셈식
6	$6 \times 1 = 6$
6+6	$6 \times 2 = 12$
6+6+6	$6 \times 3 = 18$
6+6+6+6	$6 \times 4 = 24$
6+6+6+6+6	$6 \times 5 = 30$
6+6+6+6+6+6	$6 \times 6 = 36$
6+6+6+6+6+6+6	$6 \times 7 = 42$
6+6+6+6+6+6+6+6	$6 \times 8 = 48$
6+6+6+6+6+6+6+6+6	$6 \times 9 = 54$

69쪽

❶ 6 ❷ 12 ❸ 18 ❹ 24 ❺ 30
❻ 36 ❼ 42 ❽ 48 ❾ 54

14일째

70쪽

6단 규칙

번개 퀴즈
$5 \times 9 = 45$

색칠된 글자에서부터 6씩 더해 가며 순서대로 동그라미해 보세요.

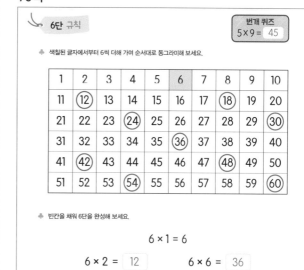

1	2	3	4	5	6	7	8	9	10
11	⑫	13	14	15	16	17	⑱	19	20
21	22	23	㉔	25	26	27	28	29	㉚
31	32	33	34	35	㊱	37	38	39	40
41	㊷	43	44	45	46	47	㊽	49	50
51	52	53	�554	55	56	57	58	59	60

빈칸을 채워 6단을 완성해 보세요.

$$6 \times 1 = 6$$

$6 \times 2 = 12$ $6 \times 6 = 36$

$6 \times 3 = 18$ $6 \times 7 = 42$

$6 \times 4 = 24$ $6 \times 8 = 48$

$6 \times 5 = 30$ $6 \times 9 = 54$

정답

❶ 54   ❷ 48   ❸ 42   ❹ 36   ❺ 30
❻ 24   ❼ 18   ❽ 12   ❾ 6

72쪽
1
❶ 6   ❷ 12   ❸ 18   ❹ 24   ❺ 30
❻ 36   ❼ 42   ❽ 48   ❾ 54   ❿ 42
⓫ 6   ⓬ 24   ⓭ 36   ⓮ 48   ⓯ 12
⓰ 18   ⓱ 54   ⓲ 30

73쪽
2
❶ O   ❷ X, 24   ❸ X, 42   ❹ O   ❺ X, 12
❻ O   ❼ O   ❽ X, 54

3
❶ 3   ❷ 5   ❸ 8   ❹ 6   ❺ 2
❻ 7   ❼ 4   ❽ 9

15일째

74쪽

🔗 **알록달록** 6단 곱하기

✿ 그림 속 곱셈을 풀어 계산 값의 끝자리에 맞는 색을 칠해 보세요.

0 →   2 →   4 →   6 →   8 →

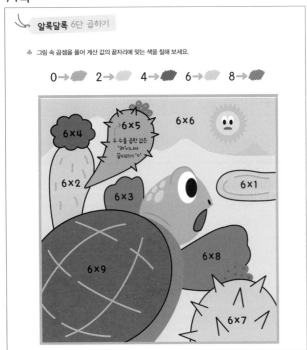

75쪽
1 ②   2 ②   3 ④   4 ②   5 ③

76쪽

🔗 **구구단 채우기**

✿ 구구단 표에서 연두색으로 색칠된 부분에 알맞은 값을 써 보세요.

×	1	2	3	4	5	6	7	8	9
2	2	4	6	8	10	12	14	16	18
3	3	6	9	12	15	18	21	24	27
4	4	8	12	16	20	24	28	32	36
5	5	10	15	20	25	30	35	40	45
6	6	12	18	24	30	36	42	48	54
7									
8									
9									

왼쪽 수에 위의 수를 곱해서 쓰면 돼!

16일째

80쪽

🔗 **7단 원리**

번개 퀴즈
6×4 = 24

✿ 7개의 잎으로 이루어진 꽃이 하나씩 늘어날 때마다 꽃잎은 모두 몇 개가 되는지 세어 보세요.

7 × 1 = 7
7 × 2 = 14
7 × 3 = 21
7 × 4 = 28
7 × 5 = 35
7 × 6 = 42
7 × 7 = 49
7 × 8 = 56
7 × 9 = 63

81쪽

7의 배수

🏷️ 두 번 더하면 '2배', 세 번 더하면 '3배'

♣ 다음 달력에서 토요일의 날짜는 각각 7의 몇 배인지 써 보세요.

20△△년　　　　　7월

일	월	화	수	목	금	토
1	2	3	4	5	6	7
8	9	10	11	12	13	14
15	16	17	18	19	20	21
22	23	24	25	26	27	28
29	30	31				

7의 1 배
$7 \times 1 = 7$

7의 2 배
$7 \times 2 = 14$

7의 3 배
$7 \times 3 = 21$

7의 4 배
$7 \times 4 = 28$

82쪽

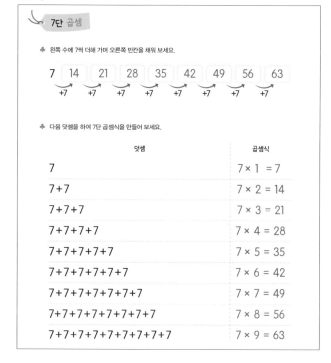

7단 곱셈

♣ 왼쪽 수에 7씩 더해 가며 오른쪽 빈칸을 채워 보세요.

7 → 14 → 21 → 28 → 35 → 42 → 49 → 56 → 63
　+7　+7　+7　+7　+7　+7　+7　+7

♣ 다음 덧셈을 하여 7단 곱셈식을 만들어 보세요.

덧셈	곱셈식
7	$7 \times 1 = 7$
7+7	$7 \times 2 = 14$
7+7+7	$7 \times 3 = 21$
7+7+7+7	$7 \times 4 = 28$
7+7+7+7+7	$7 \times 5 = 35$
7+7+7+7+7+7	$7 \times 6 = 42$
7+7+7+7+7+7+7	$7 \times 7 = 49$
7+7+7+7+7+7+7+7	$7 \times 8 = 56$
7+7+7+7+7+7+7+7+7	$7 \times 9 = 63$

83쪽

❶ 7　　❷ 14　　❸ 21　　❹ 28　　❺ 35
❻ 42　　❼ 49　　❽ 56　　❾ 63

17일째

84쪽

7단 규칙

♣ 색칠된 글자에서부터 7씩 더해 가며 순서대로 동그라미해 보세요.

1	2	3	4	5	6	7	8	9	10
11	12	13	⑭	15	16	17	18	19	20
㉑	22	23	24	25	26	27	㉘	29	30
31	32	33	34	㉟	36	37	38	39	40
41	㊷	43	44	45	46	47	48	㊾	50
51	52	53	54	55	㊶	57	58	59	60
61	62	㊿	64	65	66	67	68	69	⑦⓪

♣ 빈칸을 채워 7단을 완성해 보세요.

$$7 \times 1 = 7$$

$7 \times 2 = 14$	$7 \times 6 = 42$
$7 \times 3 = 21$	$7 \times 7 = 49$
$7 \times 4 = 28$	$7 \times 8 = 56$
$7 \times 5 = 35$	$7 \times 9 = 63$

85쪽

❶ 63　　❷ 56　　❸ 49　　❹ 42　　❺ 35
❻ 28　　❼ 21　　❽ 14　　❾ 7

86쪽

1
❶ 7　　❷ 14　　❸ 21　　❹ 28　　❺ 35
❻ 42　　❼ 49　　❽ 56　　❾ 63　　❿ 28
⓫ 14　　⓬ 63　　⓭ 42　　⓮ 21　　⓯ 49
⓰ 7　　⓱ 56　　⓲ 35

87쪽

2
❶ X, 14　　❷ O　　❸ X, 28　　❹ X, 49　　❺ O
❻ X, 63　　❼ O　　❽ O

3
❶ 3　　❷ 5　　❸ 9　　❹ 8　　❺ 1
❻ 7　　❼ 6　　❽ 4

정답　159

정답

88쪽

무지개 7단 곱하기

♣ 구름이 안고 있는 수와 무지개의 각 색에 적힌 수를 곱하면 각각 몇이 되는지 빈칸에 써 보세요.

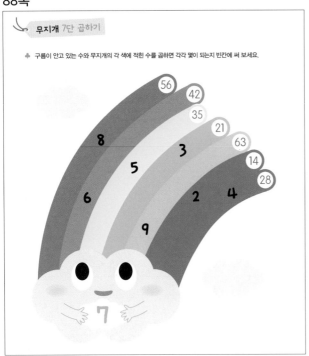

89쪽

1 ②   2 ④   3 ③   4 ②   5 ①

90쪽

구구단 채우기

♣ 구구단 표에서 연두색으로 색칠된 부분에 알맞은 값을 써 보세요.

곱하는 수								
×	1	2	3	4	5	6	7	8	9
2	2	4	6	8	10	12	14	16	18
3	3	6	9	12	15	18	21	24	27
4	4	8	12	16	20	24	28	32	36
5	5	10	15	20	25	30	35	40	45
6	6	12	18	24	30	36	42	48	54
7	7	14	21	28	35	42	49	56	63
8									
9									

왼쪽 수에 위의 수를 곱해서 쓰면 돼!

94쪽

8단 원리

♣ 다리가 8개인 거미가 한 마리씩 늘어날 때마다 거미의 다리는 모두 몇 개가 되는지 세어 보세요.

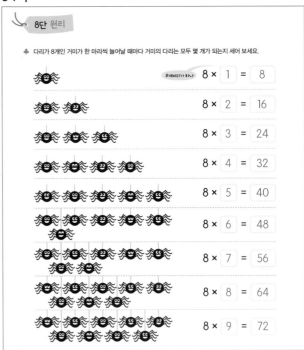

8개짜리가 하나	8 ×	1	= 8
	8 ×	2	= 16
	8 ×	3	= 24
	8 ×	4	= 32
	8 ×	5	= 40
	8 ×	6	= 48
	8 ×	7	= 56
	8 ×	8	= 64
	8 ×	9	= 72

95쪽

8의 배수

두 번 더하면 '2배', 세 번 더하면 '3배'

♣ 피자 트럭에서 각 집으로 8의 몇 배만큼의 피자 조각을 배달했는지 써 보세요.

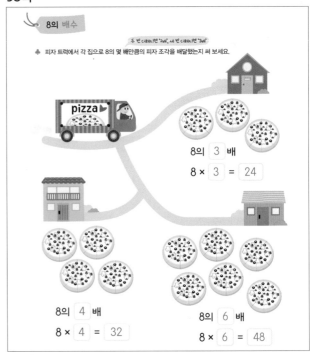

8의 3 배
8 × 3 = 24

8의 4 배
8 × 4 = 32

8의 6 배
8 × 6 = 48

96쪽

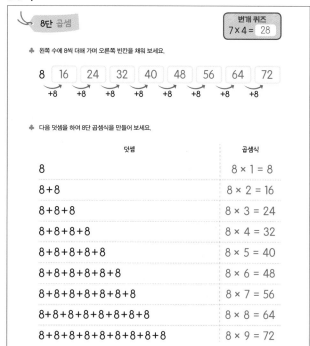

8단 곱셈

번개 퀴즈
$7 \times 4 = 28$

♣ 왼쪽 수에 8씩 더해 가며 오른쪽 빈칸을 채워 보세요.

8	16	24	32	40	48	56	64	72

+8 +8 +8 +8 +8 +8 +8 +8

♣ 다음 덧셈을 하여 8단 곱셈식을 만들어 보세요.

덧셈	곱셈식
8	$8 \times 1 = 8$
8+8	$8 \times 2 = 16$
8+8+8	$8 \times 3 = 24$
8+8+8+8	$8 \times 4 = 32$
8+8+8+8+8	$8 \times 5 = 40$
8+8+8+8+8+8	$8 \times 6 = 48$
8+8+8+8+8+8+8	$8 \times 7 = 56$
8+8+8+8+8+8+8+8	$8 \times 8 = 64$
8+8+8+8+8+8+8+8+8	$8 \times 9 = 72$

97쪽

❶ 8   ❷ 16   ❸ 24   ❹ 32   ❺ 40
❻ 48   ❼ 56   ❽ 64   ❾ 72

20일째

98쪽

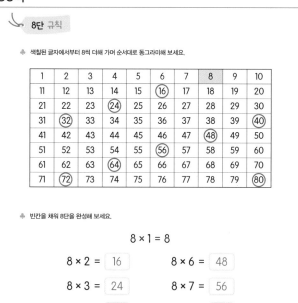

8단 규칙

♣ 색칠된 글자에서부터 8씩 더해 가며 순서대로 동그라미해 보세요.

1	2	3	4	5	6	7	8	9	10
11	12	13	14	15	16	17	18	19	20
21	22	23	24	25	26	27	28	29	30
31	32	33	34	35	36	37	38	39	40
41	42	43	44	45	46	47	48	49	50
51	52	53	54	55	56	57	58	59	60
61	62	63	64	65	66	67	68	69	70
71	72	73	74	75	76	77	78	79	80

♣ 빈칸을 채워 8단을 완성해 보세요.

$$8 \times 1 = 8$$

$8 \times 2 = 16$ $8 \times 6 = 48$

$8 \times 3 = 24$ $8 \times 7 = 56$

$8 \times 4 = 32$ $8 \times 8 = 64$

$8 \times 5 = 40$ $8 \times 9 = 72$

99쪽

❶ 72   ❷ 64   ❸ 56   ❹ 48   ❺ 40
❻ 32   ❼ 24   ❽ 16   ❾ 8

100쪽

1

❶ 8   ❷ 16   ❸ 24   ❹ 32   ❺ 40
❻ 48   ❼ 56   ❽ 64   ❾ 72   ❿ 24
⓫ 64   ⓬ 8   ⓭ 48   ⓮ 40   ⓯ 16
⓰ 56   ⓱ 72   ⓲ 32

101쪽

2

❶ O   ❷ O   ❸ X, 32   ❹ O   ❺ X, 72
❻ X, 64   ❼ X, 40   ❽ O

3

❶ 6   ❷ 5   ❸ 3   ❹ 8   ❺ 4
❻ 2   ❼ 9   ❽ 7

21일째

102쪽

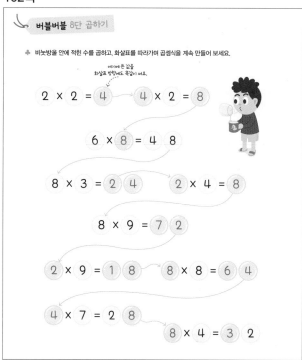

버블버블 8단 곱하기

♣ 비눗방울 안에 적힌 수를 곱하고, 화살표를 따라가며 곱셈식을 계속 만들어 보세요.

여기에 쓴 값을
화살표 방향에도 똑같이 써요.

$2 \times 2 = 4$ → $4 \times 2 = 8$

$6 \times 8 = 4\,8$

$8 \times 3 = 2\,4$ → $2 \times 4 = 8$

$8 \times 9 = 7\,2$

$2 \times 9 = 1\,8$ → $8 \times 8 = 6\,4$

$4 \times 7 = 2\,8$

$8 \times 4 = 3\,2$

103쪽

1 ①   2 ②   3 ②   4 ③   5 ③

정답

104쪽

구구단 **채우기**

♣ 구구단 표에서 연두색으로 색칠된 부분에 알맞은 값을 써 보세요.

곱하는 수

×	1	2	3	4	5	6	7	8	9
2	2	4	6	8	10	12	14	16	18
3	3	6	9	12	15	18	21	24	27
4	4	8	12	16	20	24	28	32	36
5	5	10	15	20	25	30	35	40	45
6	6	12	18	24	30	36	42	48	54
7	7	14	21	28	35	42	49	56	63
8	8	16	24	32	40	48	56	64	72
9									

곱해지는 수

왼쪽 수에 위의 수를 곱해서 쓰면 돼!

22일째

108쪽

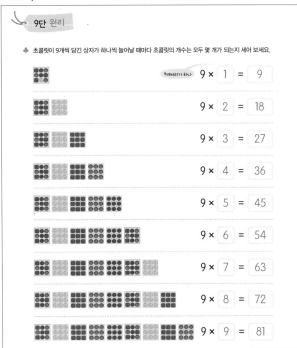

9단 **원리**

♣ 초콜릿이 9개씩 담긴 상자가 하나씩 늘어날 때마다 초콜릿의 개수는 모두 몇 개가 되는지 세어 보세요.

$9 \times 1 = 9$

$9 \times 2 = 18$

$9 \times 3 = 27$

$9 \times 4 = 36$

$9 \times 5 = 45$

$9 \times 6 = 54$

$9 \times 7 = 63$

$9 \times 8 = 72$

$9 \times 9 = 81$

109쪽

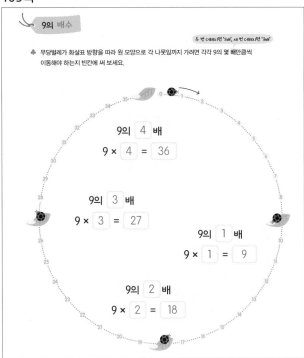

9의 **배수**

두 번 이동하면 '2배', 세 번 이동하면 '3배'

♣ 무당벌레가 화살표 방향을 따라 원 모양으로 각 나뭇잎까지 가려면 각각 9의 몇 배만큼씩 이동해야 하는지 빈칸에 써 보세요.

9의 **4** 배
$9 \times 4 = 36$

9의 **3** 배
$9 \times 3 = 27$

9의 **1** 배
$9 \times 1 = 9$

9의 **2** 배
$9 \times 2 = 18$

110쪽

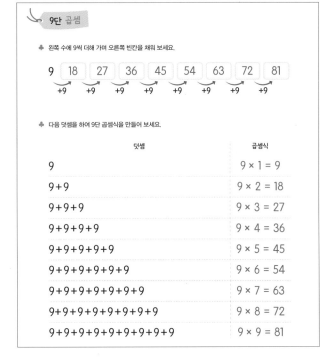

9단 **곱셈**

♣ 왼쪽 수에 9씩 더해 가며 오른쪽 빈칸을 채워 보세요.

9 → 18 → 27 → 36 → 45 → 54 → 63 → 72 → 81
(+9 +9 +9 +9 +9 +9 +9 +9)

♣ 다음 덧셈을 하여 9단 곱셈식을 만들어 보세요.

덧셈	곱셈식
9	$9 \times 1 = 9$
9+9	$9 \times 2 = 18$
9+9+9	$9 \times 3 = 27$
9+9+9+9	$9 \times 4 = 36$
9+9+9+9+9	$9 \times 5 = 45$
9+9+9+9+9+9	$9 \times 6 = 54$
9+9+9+9+9+9+9	$9 \times 7 = 63$
9+9+9+9+9+9+9+9	$9 \times 8 = 72$
9+9+9+9+9+9+9+9+9	$9 \times 9 = 81$

111쪽

❶ 9   ❷ 18   ❸ 27   ❹ 36   ❺ 45
❻ 54   ❼ 63   ❽ 72   ❾ 81

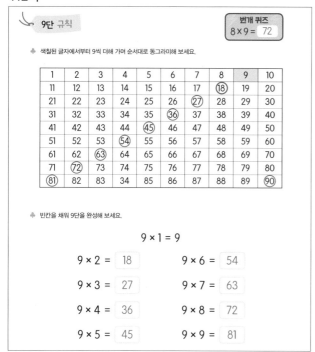

23일째

112쪽

9단 규칙

번개 퀴즈 8×9= 72

♣ 색칠된 글자에서부터 9씩 더해 가며 순서대로 동그라미해 보세요.

1	2	3	4	5	6	7	8	9	10
11	12	13	14	15	16	17	(18)	19	20
21	22	23	24	25	26	(27)	28	29	30
31	32	33	34	35	(36)	37	38	39	40
41	42	43	44	(45)	46	47	48	49	50
51	52	53	(54)	55	56	57	58	59	60
61	62	(63)	64	65	66	67	68	69	70
71	(72)	73	74	75	76	77	78	79	80
(81)	82	83	34	85	86	87	88	89	(90)

♣ 빈칸을 채워 9단을 완성해 보세요.

9 × 1 = 9

9 × 2 = 18 9 × 6 = 54

9 × 3 = 27 9 × 7 = 63

9 × 4 = 36 9 × 8 = 72

9 × 5 = 45 9 × 9 = 81

113쪽

❶ 81 ❷ 72 ❸ 63 ❹ 54 ❺ 45
❻ 36 ❼ 27 ❽ 18 ❾ 9

114쪽

1
❶ 9 ❷ 18 ❸ 27 ❹ 36 ❺ 45
❻ 54 ❼ 63 ❽ 72 ❾ 81 ❿ 54
⓫ 27 ⓬ 63 ⓭ 45 ⓮ 72 ⓯ 9
⓰ 81 ⓱ 18 ⓲ 36

115쪽

2
❶ X, 9 ❷ O ❸ X, 36 ❹ O ❺ O
❻ X, 63 ❼ X, 81 ❽ O

3
❶ 8 ❷ 5 ❸ 6 ❹ 3 ❺ 4
❻ 5 ❼ 9 ❽ 7

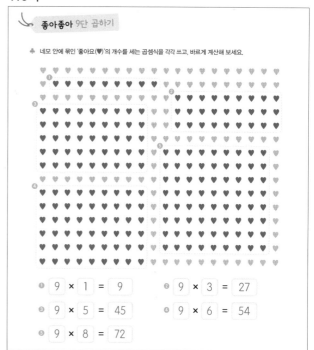

24일째

116쪽

좋아좋아 9단 곱하기

♣ 네모 안에 묶인 '좋아요(♥)'의 개수를 세는 곱셈식을 각각 쓰고, 바르게 계산해 보세요.

❶ 9 × 1 = 9 ❷ 9 × 3 = 27
❸ 9 × 5 = 45 ❹ 9 × 6 = 54
❺ 9 × 8 = 72

117쪽

1 ① 2 ④ 3 ② 4 ③ 5 ①

118쪽

구구단 채우기

♣ 구구단 표에서 연두색으로 색칠된 부분에 알맞은 값을 써 보세요.

곱하는 수 / 곱해지는 수

×	1	2	3	4	5	6	7	8	9
2	2	4	6	8	10	12	14	16	18
3	3	6	9	12	15	18	21	24	27
4	4	8	12	16	20	24	28	32	36
5	5	10	15	20	25	30	35	40	45
6	6	12	18	24	30	36	42	48	54
7	7	14	21	28	35	42	49	56	63
8	8	16	24	32	40	48	56	64	72
9	9	18	27	36	45	54	63	72	81

정답

25일째

122쪽

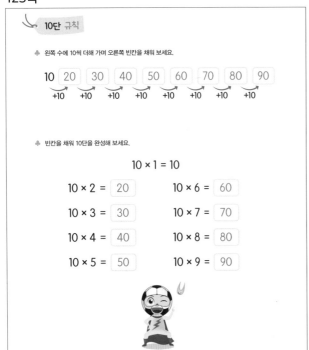

10단 원리

번개 퀴즈
9 × 5 = 45

♣ 10원짜리 동전이 하나씩 늘 때마다 그것을 합한 값은 모두 얼마가 되는지 계산해 보세요.

10원이 하나 10 × 1 = 10
10 × 2 = 20
10 × 3 = 30
10 × 4 = 40
10 × 5 = 50
10 × 6 = 60
10 × 7 = 70
10 × 8 = 80
10 × 9 = 90
= 100 10원이 열 개 모이면 백 원!

123쪽

10단 규칙

♣ 왼쪽 수에 10씩 더해 가며 오른쪽 빈칸을 채워 보세요.

10 20 30 40 50 60 70 80 90
  +10 +10 +10 +10 +10 +10 +10 +10

♣ 빈칸을 채워 10단을 완성해 보세요.

10 × 1 = 10

10 × 2 = 20   10 × 6 = 60
10 × 3 = 30   10 × 7 = 70
10 × 4 = 40   10 × 8 = 80
10 × 5 = 50   10 × 9 = 90

124쪽

1
❶ O   ❷ X, 40   ❸ X, 60   ❹ X, 90   ❺ O
❻ X, 50   ❼ O   ❽ O

2
❶ 5   ❷ 8   ❸ 4   ❹ 9   ❺ 3
❻ 7   ❼ 2   ❽ 6

125쪽
1 ③   2 ②   3 ②   4 ③   5 ①

26일째

126쪽

1단 원리

♣ 막대 과자가 하나씩 늘어날 때마다 과자의 개수는 모두 몇 개가 되는지 세어 보세요.

1 × 1 = 1
1 × 2 = 2
1 × 3 = 3
1 × 4 = 4
1 × 5 = 5
1 × 6 = 6
1 × 7 = 7
1 × 8 = 8
1 × 9 = 9

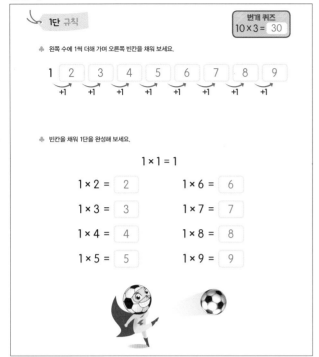

127쪽

1단 규칙

번개 퀴즈
$10 \times 3 = 30$

왼쪽 수에 1씩 더해 가며 오른쪽 빈칸을 채워 보세요.

1 2 3 4 5 6 7 8 9
+1 +1 +1 +1 +1 +1 +1 +1

빈칸을 채워 1단을 완성해 보세요.

$$1 \times 1 = 1$$

$1 \times 2 = 2$	$1 \times 6 = 6$
$1 \times 3 = 3$	$1 \times 7 = 7$
$1 \times 4 = 4$	$1 \times 8 = 8$
$1 \times 5 = 5$	$1 \times 9 = 9$

128쪽

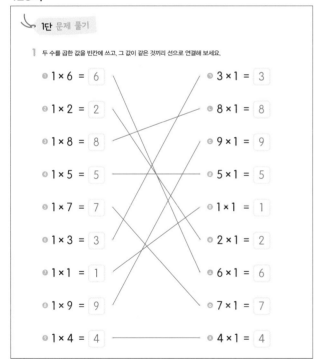

1단 문제 풀기

1 두 수를 곱한 값을 빈칸에 쓰고, 그 값이 같은 것끼리 선으로 연결해 보세요.

① $1 \times 6 = 6$	① $3 \times 1 = 3$
② $1 \times 2 = 2$	② $8 \times 1 = 8$
③ $1 \times 8 = 8$	③ $9 \times 1 = 9$
④ $1 \times 5 = 5$	④ $5 \times 1 = 5$
⑤ $1 \times 7 = 7$	⑤ $1 \times 1 = 1$
⑥ $1 \times 3 = 3$	⑥ $2 \times 1 = 2$
⑦ $1 \times 1 = 1$	⑦ $6 \times 1 = 6$
⑧ $1 \times 9 = 9$	⑧ $7 \times 1 = 7$
⑨ $1 \times 4 = 4$	⑨ $4 \times 1 = 4$

129쪽

1
① X, 3   ② O   ③ O   ④ X, 5   ⑤ X, 4
⑥ O   ⑦ O   ⑧ X, 8

2
① 6   ② 7   ③ 2   ④ 3   ⑤ 1
⑥ 4   ⑦ 9   ⑧ 5

27일째

130쪽

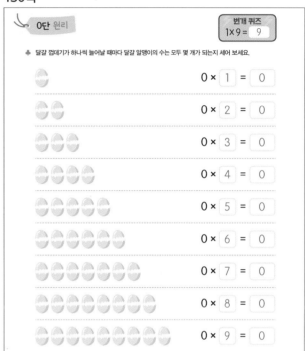

0단 원리

번개 퀴즈
$1 \times 9 = 9$

달걀 껍데기가 하나씩 늘어날 때마다 달걀 알맹이의 수는 모두 몇 개가 되는지 세어 보세요.

$0 \times 1 = 0$

$0 \times 2 = 0$

$0 \times 3 = 0$

$0 \times 4 = 0$

$0 \times 5 = 0$

$0 \times 6 = 0$

$0 \times 7 = 0$

$0 \times 8 = 0$

$0 \times 9 = 0$

131쪽

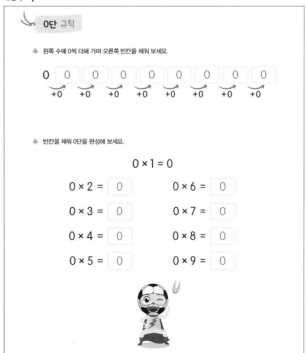

0단 규칙

왼쪽 수에 0씩 더해 가며 오른쪽 빈칸을 채워 보세요.

0 0 0 0 0 0 0 0 0
+0 +0 +0 +0 +0 +0 +0 +0

빈칸을 채워 0단을 완성해 보세요.

$$0 \times 1 = 0$$

$0 \times 2 = 0$	$0 \times 6 = 0$
$0 \times 3 = 0$	$0 \times 7 = 0$
$0 \times 4 = 0$	$0 \times 8 = 0$
$0 \times 5 = 0$	$0 \times 9 = 0$

정답

133쪽
예시

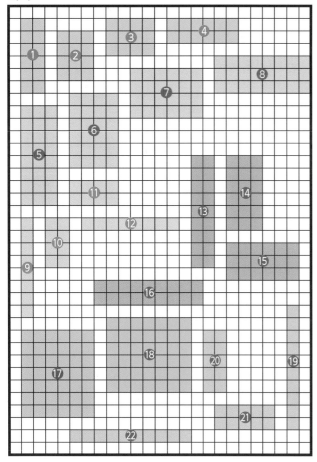

28일째

136쪽
❶ 15 ❷ 21 ❸ 18 ❹ 36 ❺ 8
❻ 5 ❼ 54 ❽ 64 ❾ 90 ❿ 12
⓫ 16 ⓬ 56 ⓭ 24 ⓮ 45 ⓯ 28
⓰ 9 ⓱ 81 ⓲ 12

137쪽
❶ 14 ❷ 25 ❸ 32 ❹ 24 ❺ 1
❻ 56 ❼ 45 ❽ 27 ❾ 42 ❿ 32
⓫ 63 ⓬ 35 ⓭ 16 ⓮ 18 ⓯ 54
⓰ 48 ⓱ 30 ⓲ 42

138쪽
❶ 9 ❷ 3 ❸ 4 ❹ 6 ❺ 7
❻ 5 ❼ 4 ❽ 4 ❾ 3 ❿ 3
⓫ 2 ⓬ 5 ⓭ 5 ⓮ 8 ⓯ 10
⓰ 4 ⓱ 8 ⓲ 2

139쪽
❶ X, 6 ❷ X, 63 ❸ X, 12 ❹ O ❺ X, 30
❻ O ❼ X, 7 ❽ O ❾ X, 20 ❿ X, 10
⓫ O ⓬ O ⓭ X, 40 ⓮ O ⓯ O
⓰ X, 27 ⓱ O ⓲ X, 4

29일째

140쪽

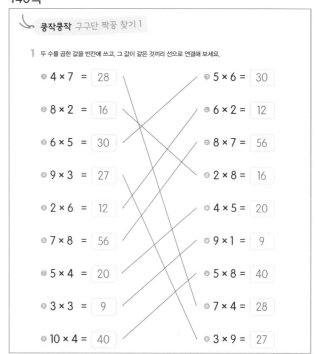

141쪽

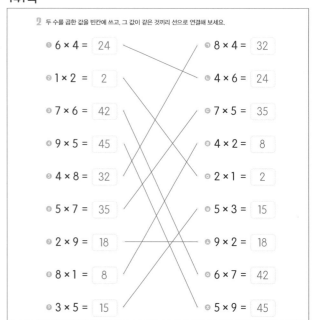

142쪽

⌇ **쿵작쿵작** 구구단 짝꿍 찾기 2

1 두 수를 곱한 값 빈칸에 쓰고, 그 값이 같은 것끼리 선으로 연결해 보세요.

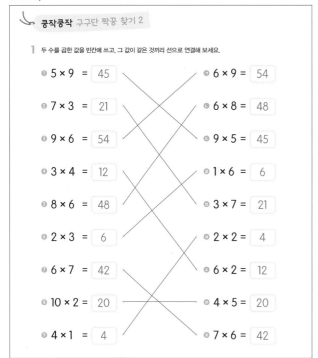

❶ 5 × 9 = 45
❷ 7 × 3 = 21
❸ 9 × 6 = 54
❹ 3 × 4 = 12
❺ 8 × 6 = 48
❻ 2 × 3 = 6
❼ 6 × 7 = 42
❽ 10 × 2 = 20
❾ 4 × 1 = 4

❺ 6 × 9 = 54
❻ 6 × 8 = 48
❼ 9 × 5 = 45
❽ 1 × 6 = 6
❾ 3 × 7 = 21
❿ 2 × 2 = 4
⓫ 6 × 2 = 12
⓬ 4 × 5 = 20
⓭ 7 × 6 = 42

143쪽

2 두 수를 곱한 값 빈칸에 쓰고, 그 값이 같은 것끼리 선으로 연결해 보세요.

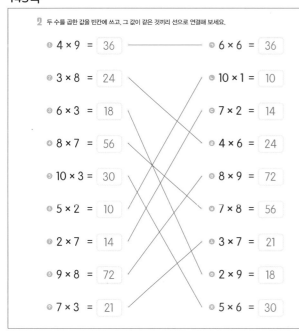

❶ 4 × 9 = 36
❷ 3 × 8 = 24
❸ 6 × 3 = 18
❹ 8 × 7 = 56
❺ 10 × 3 = 30
❻ 5 × 2 = 10
❼ 2 × 7 = 14
❽ 9 × 8 = 72
❾ 7 × 3 = 21

❺ 6 × 6 = 36
❻ 10 × 1 = 10
❼ 7 × 2 = 14
❽ 4 × 6 = 24
❾ 8 × 9 = 72
❿ 7 × 8 = 56
⓫ 3 × 7 = 21
⓬ 2 × 9 = 18
⓭ 5 × 6 = 30

30일째

144쪽

⌇ **교과서 속** 구구단 활용 문제

1 삼각형의 꼭짓점은 3개입니다. 삼각형이 7개 있을 때, 꼭짓점의 수는 모두 몇 개일까요?

3 × 7 = 21

2 시계에서 분을 계산할 때는 분침이 가리키는 숫자에 곱하기 5를 하면 됩니다.
아래 시계에서 파란색 분침은 각각 몇 분을 가리킬까요?

A
15 분

B
35 분

C
50 분

3 한 그루에 사과가 6개씩 달린 나무가 8그루 있습니다.
나무에 달린 사과는 모두 몇 개일까요?

6 × 8 = 48

4 우리나라 현악기의 하나인 아쟁은 줄이 7개입니다.
4대의 아쟁에 있는 줄은 모두 몇 줄일까요?

7 × 4 = 28

145쪽

5 누나가 한 상자에 8개씩 들어 있는 빵을 7상자 사 왔습니다.
누나가 사 온 빵은 모두 몇 개일까요?

8 × 7 = 56

6 한 봉지에 사탕이 4개씩 들어 있는 봉지가 4봉지 있고, 한 봉지에 쿠키가 2개씩 들어 있는 봉지가
9봉지 있습니다. 봉지에 들어 있는 사탕과 쿠키의 개수를 모두 합하면 몇 개일까요?

4 × 4 = 16   2 × 9 = 18
→ 16 + 18 = 34

7 한 팀에 9명으로 이루어진 야구팀 3팀과 한 팀에 5명으로 이루어진 농구팀 8팀이 운동장에 모여
있습니다. 운동장에 있는 선수는 모두 몇 명일까요?

9 × 3 = 27   5 × 8 = 40
→ 27 + 40 = 67

146쪽

나만의 구구단 표

♣ 큰 숫자에 1~9까지 순서대로 곱한 값을 스티커에서 찾아 붙여 '나만의 구구단 표'를 만들어 보세요.

(예시)

1 2 3
4
5
1
6
7
8
9

$1 \times 1 = 1$	$1 \times 6 = 6$
$1 \times 2 = 2$	$1 \times 7 = 7$
$1 \times 3 = 3$	$1 \times 8 = 8$
$1 \times 4 = 4$	$1 \times 9 = 9$
$1 \times 5 = 5$	

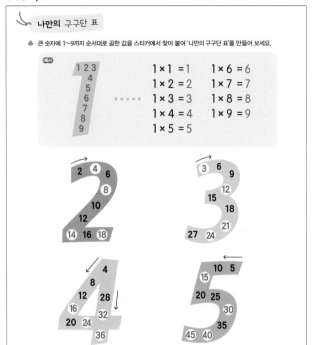

147쪽

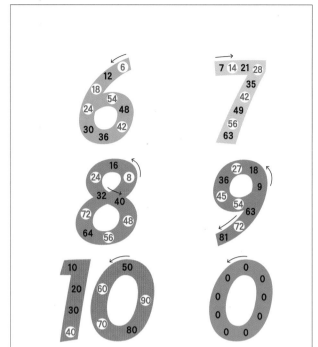